技工院校信息类专业工学一体化教材
技工院校计算机程序设计专业教材（中 / 高级技能层级）

Python 程序设计基础

实训和习题集

沈建林 / 主编

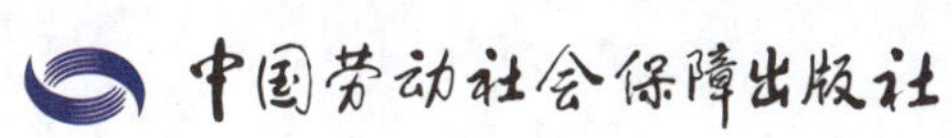

简介

本书为技工院校信息类专业工学一体化教材、技工院校计算机程序设计专业教材（中 / 高级技能层级）《Python 程序设计基础》的配套用书，包括习题、实训及综合实训两大部分，其中习题和实训部分紧扣教材的教学要求，注重基础知识的巩固和基本能力的培养，知识点分布均衡，题型丰富，难易适当；综合实训部分以具体的工作项目为实训载体，根据教材所学内容进行设置，是对各章内容的综合应用。

本书由沈建林担任主编，陈建、周伟、张梁、范振中、刘存洋参与编写。

图书在版编目（CIP）数据

Python 程序设计基础实训和习题集 / 沈建林主编 . 北京 : 中国劳动社会保障出版社，2025. --（技工院校信息类专业工学一体化教材）（技工院校计算机程序设计专业教材 : 中 / 高级技能层级）. -- ISBN 978-7-5167-6651-4

Ⅰ. TP312. 8-44

中国国家版本馆 CIP 数据核字第 202571ZF88 号

中国劳动社会保障出版社出版发行

（北京市惠新东街 1 号　邮政编码：100029）

*

北京市艺辉印刷有限公司印刷装订　新华书店经销

787 毫米 ×1092 毫米　16 开本　11.25 印张　215 千字

2025 年 2 月第 1 版　2025 年 2 月第 1 次印刷

定价：29.00 元

营销中心电话：400-606-6496

出版社网址：https://www.class.com.cn

https://jg.class.com.cn

目 录

第一章　Python 概述

第一节　Python 语言简介

一、填空题

1. 程序设计语言大致可分为机器语言、汇编语言和__________。

2. Python 是一种________编程语言。

3. 用二进制代码______和______描述的指令，称为机器指令。

4. 汇编程序通常由________、________和________三部分组成。

5. Python 程序可以在多种平台上运行，这体现了 Python 语言的__________特点。

二、选择题

1. 在下列编程语言中，不属于高级语言的是（　　）。

A. C#　　　　B. Java

C. 机器语言　　　　D. Python

2. 在下列选项中，不属于 Python 语言特点的是（　　）。

A. 具有可移植性　　　　B. 面向过程

C. 具有丰富的库函数　　　　D. 开源免费

3. 下列关于机器语言的说法中，错误的是（　　）。

A. 用机器语言编写的程序能被计算机直接识别和执行

B. 机器语言属于低级语言

C. 机器语言灵活、运行速度快，因此，大多数程序员都在学习机器语言

D. 用机器语言编写的程序由 0 和 1 组成

4. 下列关于 Python 语言的说法中，错误的是（　　）。

A. Python 语言的关键字较少，结构简单

B. Python 语言的底层代码是用 C 语言编写的

C. Python 语言具有较强的面向对象特征

D. Python 语言的简洁使得代码编写量急剧减少，功能也随之下降

三、判断题

1. Python 可以在 Windows、Linux、UNIX、macOS 等系统上运行。（ ）
2. Python 3.0 与 Python 2.0 完全兼容。（ ）
3. Python 2.0 版本增加了垃圾回收功能。（ ）
4. Python 的使用和开发是需要收费的。（ ）

四、名词解释

1. 机器语言

2. 汇编语言

3. 高级语言

4. Python 语言

第二节 Python 开发环境搭建

一、填空题

1. 在使用 Python 语言编程之前，需要先搭建 Python 的__________。
2. ________交互界面与 Windows 命令提示符窗口下的 Python 交互模式功能相同。
3. 在 Windows 命令提示符窗口中输入________命令，可以进入 Python 交互模式。
4. Python 程序保存后的文件扩展名为________。
5. 在 PyCharm 集成开发环境中，运行代码的组合快捷键是________________。

二、选择题

1. Python 安装包内不包含（　　）。

A. Python 解释器　　B. 简易集成开发环境 IDLE

C. 命令行交互环境 Shell　　D. PyCharm

2. “Add python.exe to PATH”可以实现的是（　　）。

A. 添加用户变量　　B. 增加执行器

C. 创建开发环境　　D. 增加解释器

3. 在 PyCharm 中新建项目后，若要创建 Python 程序，应选择（　　）。

A. Python unit test　　B. Python stub

C. Python file　　D. HTML File

4. 在 IDLE 开发环境中，“Run Module”命令可（　　）。

A. 运行当前编写的程序　　B. 检查当前代码的错误

C. 为代码创建模块　　D. 导入功能库

三、判断题

1. Python 的使用和开发是完全免费的，所以 PyCharm 也一定是免费的。 (　　)

2. Python 安装成功后，在 Windows 命令提示符窗口输入“python -V”命令可以查看本机安装的 Python 版本。 (　　)

3. 与 IDLE 相比，PyCharm 具备更加强大的功能，能提高开发效率。 (　　)

四、名词解释

1. Python 第三方集成开发环境

2. PyCharm

实训一 编写一个简单的 Python 打印图形程序

一、填空题

1. 在 Python 中，向控制台输出字符使用的函数为___________。

2. Python 中使用成对的________或________作为单行字符串的定界符。

3. 在 Python 中，________为单行注释符号，表示其后面的内容为注释内容。

4. 若向控制台输出“Hello Python！”，代码应为______________________________。

二、程序设计题

编写 Python 程序，输出实训图 1-1 所示的“CHINA”字符图形。

实训图 1-1　程序运行结果

第三节　Python 代码编写规范

一、填空题

1. 在 Python 中，通过________来控制代码的逻辑结构。
2. ________是一行或多行说明性文字，用于解释或标注。
3. 类名、________、函数名、模块名等都属于标识符。

4. 以下程序段执行后的输出结果是__________。

```
x=10
y=20
if x>y:
print("x>y")
```

5. 在 IDLE 中可以通过代码________________来查看 Python 的关键字。

二、选择题

1. 在 Python 中，以下符号不能被用于注释的是（　　）。

A. #　　B. *　　C. '''　　D. """

2. 在 Python 中，以下标识符合法的是（　　）。

A. *Hello　　B. Hel lo　　C. Hell_o　　D. 2Hello

3. 在 Python 中，若要自定义一个标识符，下列单词可使用的是（　　）。

A. day　　B. class　　C. break　　D. True

4. 在 Python 中，系统关键字“import”表示的含义为（　　）。

A. 导入模块或库　　B. 申明变量　　C. 创建函数　　D. 输出结果

5. 以下选项中，不属于 Python 关键字的是（　　）。

A. if　　B. False　　C. goto　　D. continue

三、判断题

1. 在 Python 中，同一级别的代码块应保持相同的缩进。（　　）

2. 大驼峰命名法是指使用全大写字母命名标识符。（　　）

3. 在 Python 中，标识符的命名以字母或下画线开头，只能由字母、数字和下画线组成。（　　）

4. 在 Python 中，标识符不区分大小写。（　　）

5. isidentifier( ) 方法可判断标识符的合法性，若返回值为 True，表示标识符合法；若返回值为 False，表示标识符不合法。（　　）

四、名词解释

1. 缩进

2. 标识符

第四节　Python 中的输入与输出

一、填空题

1. Python 中的 input( ) 函数可获得________输入的内容，其返回值类型为________。
2. 在 Python 中，支持________和 format( ) 函数两种格式化输出方法。
3. ________表示格式化输出 ASCII 数值对应的字符。
4. 根据表 1–4–1 所列语句，填写输出内容列。

表 1–4–1　print 函数的使用

print 语句	输出内容
print("%c"%97)	
print(" 工号：%s, 年龄：%d"%("1001",26))	
print("%.3d"%12)	

续表

print 语句	输出内容
print("%o"%20)	
print("%.2f"%3.1415)	
print("%6.2f"%3.1415)	
print(" 工号：{0}, 工龄：{1}".format("1001",5))	
print(" 工号：{1}, 工龄：{0}".format(5,"1001"))	
print("{:.2f}".format(23,56))	
print("{1:.2f}".format(23,56))	
print("{:.2%}".format(0.23))	
print("{:0<3d}".format(5))	

二、选择题

1. 以下选项中，输入函数语法正确的是（　　）。

A. input(" 请输入一个数 ":)　　B. input(请输入一个数 :)

C. input" 请输入一个数 : " ()　　D. input(" 请输入一个数 : ")

2. 若要在 print( ) 输出语句中同时输出多个项目，可使用符号（　　）分隔。

A. ,　　B. 、　　C. ;　　D. [ ]

3. 下列选项中，用于格式化输出字符串的是（　　）。

A. %u　　B. %x　　C. %d　　D. %s

4. 下列关于 format( ) 函数的使用正确的是（　　）。

A. print(" 性别 :{0}, 姓名 :{1}".format(" 男 "," 小张 "))

B. print(" 性别 :{0}, 姓名 :{1}",format(" 男 "," 小张 "))

C. print(" 性别 , 姓名 :{a},{b}",format(a=" 男 ",b=" 小张 "))

D. print(" 性别 :{a}, 姓名 :{b}",format(a=" 男 ",b=" 小张 "))

5. 下列选项中，输出结果为 3.14 的是（　　）。

A. print("{:.2f}".format(3.14159))

B. print("{1:2f}".format("3.14159"))

C. print(%.2f%3.14159)

D. print("%.2f%"%"3.14159")

三、判断题

1. print("%c"%66) 表示输出 ASCII 码值为 66 的字符。 (　　)
2. %x 与 %X 实现的格式化输出效果一致。 (　　)
3. 字符串 {} 中使用 “:” 来格式化字符，在 “:” 右侧为指定位置。 (　　)
4. %d 为格式化输出浮点数，可指定小数点后的精度。 (　　)
5. 在 Python 中，通过格式符 % 实现格式输出。 (　　)

四、程序设计题

通过编写程序，使用 format( ) 函数输出自己的姓名、身高和体重。

第五节　Python 中的程序流程

一、填空题

1. 程序流程图是用统一规定的标准符号描述__________具体步骤的图形。
2. 软件开发一般包括需求分析、________、________、测试和维护这 5 个阶段。

二、选择题

1. 程序流程图的常见图例不包括（　　）。

A. 三角形　　B. 矩形

C. 菱形　　D. 流程线

2. 程序流程图中的矩形处理框用于表示（　　）。

A. 流程的开始或结束　　B. 具体处理某一个步骤或操作

C. 条件判断　　D. 数据的输入或结果输出

三、判断题

1. 在一个完整的程序流程图中，必须包含所有类型的图例。（　　）

2. 在一个正常的程序流程图中，起止框必然出现在开始和结束位置。（　　）

3. 流程线贯穿了程序流程图的每个环节，是必不可少的。（　　）

四、程序设计题

某技师学院需为学生建立电子档案，在输入学生的姓名、学号、性别等个人基本信息后，能生成该学生的档案。请绘制程序流程图，并将流程图的功能用代码编写出来，程序运行结果如图 1-5-1 所示。

```
请输入姓名：张北
请输入学号：1001
请输入性别：男
请输入系部：机械系
请输入年级：17
请输入班级：机械2301
生成档案：
姓名： 张北 学号： 1001 性别： 男 系部： 机械系 年级： 17 班级： 机械2301
```

图 1-5-1　程序运行结果

综合实训一 设计超市商品信息管理程序界面

一、实训目的

1. 能下载并安装 Python。
2. 能下载并安装 PyCharm 集成开发环境。
3. 能规范编写并执行简单的 Python 程序。
4. 掌握 print( ) 和 input( ) 函数的使用方法。
5. 能绘制程序流程图。

二、实训描述

使用 PyCharm 编写 Python 程序，输出综合实训图 1-1 所示的超市商品信息管理程序界面。

```
*******超市商品信息管理程序*******
*         1. 录入商品信息        *
*         2. 删除商品信息        *
*         3. 统计库存数量        *
*         4. 退出                *
**********************************
```

综合实训图 1-1 超市商品信息管理程序界面

三、实训环境配置

1. Windows 10 操作系统。
2. Python 开发环境。
3. PyCharm 集成开发环境。

四、实训准备

1. 搭建 Python 开发环境

（1）安装 Python，测试是否安装成功

1）在 Windows 10 操作系统中下载 Python 安装包并安装。

2）Python 安装完成后，在 Windows 命令提示符下输入 Python 命令，测试 Python 是否安装成功。

（2）安装并使用 PyCharm

1）在 Windows 10 操作系统中下载 PyCharm 安装包并安装。

2）新建 Python 程序，输入以下代码，求一个数的绝对值，并执行程序。

```
import math
x=int(input(" 请输入一个整数："))
y=abs(x)
print(" 数 {0} 的绝对值为 {1}".format(x,y))
```

运行结果如下。

第一次运行：

请输入一个整数：-1

数 -1 的绝对值为 1

第二次运行：

请输入一个整数：2

数 2 的绝对值为 2

2. 使用 print( ) 函数输出信息

在 Python 交互模式下输入以下内容，并在横线上填写输出的内容。

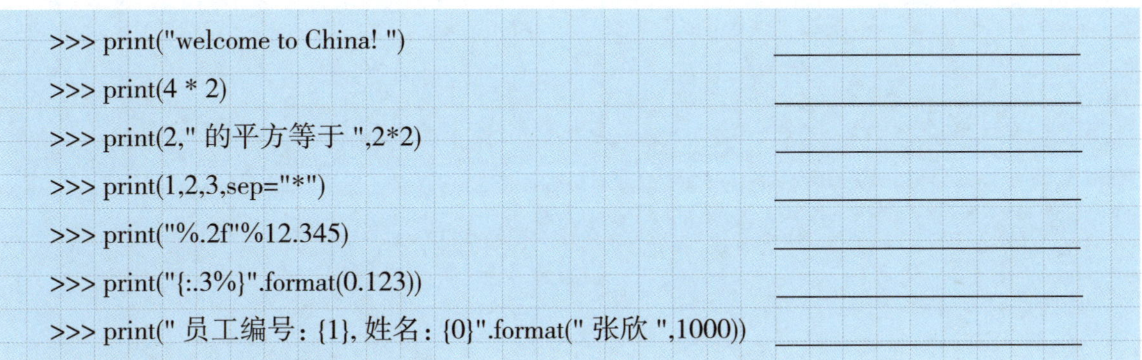

```
>>> print("welcome to China! ")        ____________
>>> print(4 * 2)                       ____________
>>> print(2," 的平方等于 ",2*2)          ____________
>>> print(1,2,3,sep="*")               ____________
>>> print("%.2f"%12.345)               ____________
>>> print("{:.3%}".format(0.123))      ____________
>>> print(" 员工编号：{1}, 姓名：{0}".format(" 张欣 ",1000))  ____________
```

3. 使用 input( ) 函数输入信息

在 Python 交互模式下输入以下内容，并在横线上填写输出的内容。

```
>>> x=input(" 请输入一个数：")
请输入一个数：2
>>> y=input(" 请输入另一个数：")
请输入另一个数：3
>>> int(x)*int(y)                      ____________
```

4. 绘制程序流程图

（1）在综合实训表 1-1 中画出常见的程序流程图图例。

综合实训表 1-1 常见的程序流程图图例

序号	名称	含义	图例
1	起止框	流程图的开始或结束	
2	处理框	具体处理某一个步骤或操作	
3	输入或输出	数据输入或结果输出	
4	判断框	条件判断	
5	流程线	流程行进方向	

（2）画出超市商品信息管理程序界面的程序流程图。

五、实训实施

1. 编写程序代码

根据实训描述要求，在 PyCharm 工作窗口的代码区域中输入以下代码，并在理解下列代码意义的基础上，在横线上将代码补充完整。

```
print("******* 超市商品信息管理程序 *******")
print("*      1. 录入商品信息        *")
______________________________________________
print("*      3. 统计库存数量        *")
______________________________________________
print("***********************************")
```

2. 运行与调试程序

运行并修改代码，排除出现的错误，并在综合实训表 1-2 中做好记录。

综合实训表 1-2　运行与修改记录

序号	输入内容	输出结果	是否出错	错误原因	处理方法

六、实训评价

本实训完成后，学生展示实训实施成果，讲述或介绍在完成实训过程中的心得体会。从职业素养、专业能力、工作成果等方面对该学生进行评价，采用自我评价、小组评价、教师评价相结合的多元评价方式，填写综合实训表 1–3。

综合实训表 1–3　实训评价

序号	评价内容	配分 / 分	评价分数		
			自我评价（占比 30%）	小组评价（占比 30%）	教师评价（占比 40%）
1	能下载 Python 安装包	10			
2	能安装 Python 并测试	10			
3	能下载并安装 PyCharm	10			
4	能使用 IDLE 和 PyCharm 集成开发环境编写程序	10			
5	能使用 print( ) 函数输出信息	15			
6	能使用 input( ) 函数输入信息	15			
7	能绘制简单的程序流程图	10			
8	能在 PyCharm 集成开发环境中设计超市商品信息管理程序界面	20			
学生姓名			综合评分		

第二章　Python 基础语法

第一节　变量与常量

一、填空题

1. 变量被定义后就具备了三个特征，即________、类型和________。

2. ________是指在程序运行中其值保持不变的量。

3. 在 Python 中，当变量被使用时，在计算机内存中会产生两个动作，一是________________________，二是________________。

4. 将某一个值赋给某个变量的过程，称为________；将确定的值赋给变量的语句称为__________。

二、选择题

1. 下列选项中，(　　) 是正确的变量名。

A. True　　B. a_1　　C. False　　D. 0

2. 下列选项中，变量名称合法的是 (　　)。

A. None　　B. if　　C. none　　D. 2a

3. 若要给 x、y 两个变量分别赋值为 1、2，下列赋值方法中正确的是 (　　)。

A. x,y=1,2　　B. x+1=y=2　　C. x=1;y=2　　D. x=1:y=2

4. 若 year=2023+11，则 print(year) 的输出结果为 (　　)。

A. year　　B. 2023+11　　C. 2034　　D. year=2023+11

5. 若 a=b=c=11，则 print(a,b,c) 的输出结果是 (　　)。

A. a，b，c　　B. 11，11，11

C. a=11，b=11，c=11　　D. 11 11 11

6. 若依次执行 x=2，y=3，x=y 三条语句，则下列说法中正确的是 (　　)。

A. print(x) 的输出结果为 3　　B. print(y) 的输出结果为 2

C. x=y 不成立，代码执行报错　　D. 以上说法均不对

三、判断题

1. 在 Python 中，变量一旦被赋值，就无法再更改。 (　　)
2. 在 Python 中没有语法强制定义常量，一般可用大写字母表示常量。 (　　)
3. “=”称为等号，在 Python 中表示该等号右边的值与左边的值相等。 (　　)
4. 变量在被定义前不具备标识、类型和值这三个特征。 (　　)

四、名词解释

1. 变量

2. 常量

第二节 运算符

一、填空题

1. Python 中提供了丰富的运算符，如算术运算符、____________、____________、逻辑运算符和成员运算符。
2. 算术运算符________能实现取模运算，即获得余数。
3. ____________又称比较运算符，根据表达式的值返回布尔型 True（真）或 False（假）。
4. 逻辑运算符包含“and”“or”以及“______”。
5. 关系运算符“==”表达的运算含义为________。

二、选择题

1. 在 Python 中，星号“*”表达的运算含义为(　　)。

A. 乘　B. 幂　C. 除　D. 取余

2. 在以下关系运算符中，含义为不等于的是（　　）。

A. <=　B. ==　C. >=　D. !=

3. 若 x=2,y=3，则 x>y 的结果为（　　）。

A. True　B. yes　C. False　D. no

4. 下列关于赋值运算符的说法中错误的是（　　）。

A. 表达式 y=x，表示把变量 y 的内容赋给变量 x

B. 表达式 x+=1，相当于 x=x+1，表示 x 在原值的基础上加 1

C. 若变量已被赋值后再次被赋值，变量的值将更新为新的值

D. 表达式 x-=y，相当于 x=x-y，表示 x 的值为原 x 与 y 的值相减

5. print(32//11) 的输出结果为（　　）。

A. 3　B. 2　C. 22　D. 1

6. 若 x,y=2,1，那么 print(y*x+x) 的输出结果为（　　）。

A. 3　B. 1　C. 4　D. 6

7. 以下表达式的运算结果为 True 的是（　　）。

A. 3>5-1　B. ""==None　C. 0!=None　D. True and False

8. 若 a,b=1,2, 那么 print（a,b,a>b) 的输出结果为（　　）。

A. 1 2 False　B. 1,2,False　C. a,b,a>b　D. False

9. print("py" not in "python") 的输出结果为（　　）。

A. py　B. False　C. thon　D. True

10. 以下运算符优先级最高的是（　　）。

A. and　B. +=　C. **　D. //

三、判断题

1. 在 Python 中，因为算术运算符与赋值运算符运算结果的值类型不一样，所以两者不能同时出现在一个表达式内。（　　）

2. 只有当逻辑运算符 or 两侧表达式均为 True 时，运算结果才为 True。（　　）

3. 成员运算符可以判断一个元素是否在序列、字符串、列表、元组、字典等元素集合中。（　　）

4. 在 Python 中，算术运算符的优先级最高。（　　）

5. 对于 bool( ) 函数，若括号内为数字零、空对象，则其返回结果为 False。 ( )

四、名词解释

1. 布尔型

2. 成员运算符

五、程序设计题

下列程序的功能是：从键盘输入 x、y 的值，分别计算 $a=x+y^2-2$，$b=2y-2x-3$，判断 a 与 b 是否相等，请将代码补充完整。

```
x=int(input(" 请输入 x 的值：")) 
y=int(input(" 请输入 y 的值：")) 
print(" 代入等式结果如下：")
a=________________
b=________________
if a _______ b:
    print(" 当 x=",x,"y=",y," 时 ,a 与 b 相等 ")
else:
    print(" 当 x=",x,"y=",y," 时 ,a 与 b 不相等。")
```

实训二 设计手机流量计费器程序

一、填空题

1. input( ) 函数用来接收从键盘输入的数据，其值为________型。

2. 在 Python 中，选择结构 if 语句中的条件使用表达式来表示，其结果为________或________，根据结果执行相应的分支。

3. float( ) 函数的作用是将整数和字符串转换成________。

二、选择题

1. 下列选项中，不是逻辑运算符的是（　　）。

A. and　　B. or　　C. not　　D. in

2. 若 x=" ",y="null", 则 x==y 运算后返回的结果是（　　）。

A. True　　B. yes　　C. False　　D. no

3. 若 a,b=2,3，那么 print（a**b+b）的输出结果为（　　）。

A. 21　　B. 9　　C. 11　　D. 6

三、程序设计题

编写一个闰年判断程序，实现在程序运行时输入一个年份，系统判断其是否为闰年。如果某年份能被 400 整除，则为闰年；如果某年份能被 4 整除但不能被 100 整除，也为闰年。程序运行结果如实训图 2-1 所示。请根据以上要求，将下列代码补充完整。

```
请输入年份：2024
2024是闰年
```

实训图 2-1　程序运行结果

```
year=int (input (" 请输入年份："))
if ______________________:
    print ("{} 是闰年 ". format(year))
else:
    print("{} 不是闰年 ".format(year))
```

第三节 数值型与布尔型

一、填空题

1. 整型是用于存储整数的数据类型，整数由正整数、____和________构成。
2. 在 Python 中，________对应于数学中的小数。
3. ____________函数用来将整数或浮点数转换成复数。
4. Python 中的布尔型数据有两个值，分别是________和________。

二、选择题

1. 若 a=3.14，则变量 a 的类型为（　　）。

A. int　　B. float　　C. complex　　D. bool

2. print(int(3.5)) 的输出结果为（　　）。

A. 3.5　　B. int(3.5)　　C. 3　　D. 4

3. 以下数值类型为 complex 的是（　　）。

A. 5+3j　　B. –3E5　　C. 2.35e4　　D. True

4. 若要将键盘输入的数据转化为整型并赋给变量 a，则下列选项中正确的是（　　）。

A. a=float(print( ))　　B. int(input( ))=a

C. a=int(input( ))　　D. float(input( ))=a

5. 以下数据类型转换中，不能完成转换的是（　　）。

A. int(float(3.14))　　B. float(int(3))

C. complex(int(3))　　D. int(complex(5+3j))

6. 以下代码输出结果为 False 的是（　　）。

A. bool(0)　　B. bool(1)　　C. bool(True)　　D. print(True or False)

7. int(True) 的结果为（　　）。

A. 0　　B. 1　　C. False　　D. 类型不同，无法转换

三、判断题

1. 布尔值中的 True 和 False 可以用 1 和 0 来替代。（　　）

2. 浮点型数据可以用二进制、八进制、十六进制的方法表示。　　( )
3. 整型数据可以用二进制、八进制、十进制、十六进制的方法表示。　　( )
4. Python 中提供了数值型数据的转换函数，整型与复数型可以互相转换。　　( )
5. Python 中提供了数值型数据的转换函数，整型与浮点型可以互相转换。　　( )
6. 在 Python 中，布尔值 True 和 False 的首字母大小写都可以。　　( )

四、名词解释

1. 整型

2. 浮点型

3. 复数

五、程序设计题

某电路系统有三个传感器，其中传感器 1 为主传感器，传感器 2、3 为备用传感器。为保险起见，该系统要求主传感器与一个备用传感器同时打开才能正常运行。假定数字 1 表示电路状态为启用，数字 0 表示电路状态为关闭，请利用整型与布尔型的转换，编写程序模拟该电路系统的运行逻辑，程序运行结果如图 2-3-1 所示。

```
请输入三个传感器的电路状态，1表示启用，0表示关闭
请输入传感器1状态：1
请输入传感器2状态：0
请输入传感器3状态：0
电路存在问题，系统无法运行
```

图 2-3-1　程序运行结果

第四节　字符串

一、填空题

1. 在 Python 中，可以用成对的单引号、________或________将多个字符组成字符串。
2. 转义字符________表示在字符串中换行。
3. 在遇到转义字符________时，鼠标光标回到本行的行首，覆盖原有的内容。
4. 在 Python 中，可以使用________的方式来读取字符串对应的值。
5. 字符串可以通过符号________进行合并操作。

二、选择题

1. print("a\tb") 的输出结果为（　　）。

A. a\tb　　B. a tb　　C. "a\tb"　　D. a　　b

2. 若 str1="Hello!"，则 str1[1] 的值为（　　）。

A. 'H'　　B. 'He'　　C. 'e'　　D. 'el'

3. print(" 跳绳 "+str(5)+" 分钟 ") 的输出结果为（　　）。

A. 跳绳 "5" 分钟　　B. 跳绳 0 分钟

C. 跳绳 5 分钟　　D. 跳绳 str(5) 分钟

4. 对字符串进行 del 操作后，会导致（　　）。

A. 字符串中的内容变为空　　B. 字符串中的内容变为 0

C. 字符串无法再被调用　　D. 字符串可被继续调用

三、判断题

1. 字符串的基本操作包括读取、合并和删除。（　　）
2. 字符串的索引由 1 开始，从左往右依次递增。（　　）
3. 字符串是一组字符的序列，一旦定义，不可改变。（　　）
4. 在 Python 中，已知 str1="Hello,World!"，则 str[:1] 的值为 'He'。（　　）
5. 在 Python 中，切片产生的字符串包含结束索引位置的字符。（　　）

四、名词解释

1. 切片

2. 转义字符

五、程序设计题

通过编写程序，从键盘输入身份证号码，输出出生日期信息，程序运行结果如图 2-4-1 所示。

```
请输入身份证号：33046719990125317X
出生年份为： 1999 年
生日为 01 月 25 日
```

图 2-4-1 程序运行结果

第五节 数据类型转换

一、填空题

1. ord( ) 函数用来将一个字符转换为________值。
2. ________和________函数都能实现字符串的转换。
3. ________函数用来计算字符串中的有效表达式。

二、选择题

1. bin(10) 的转换结果为（　　）。

A. '0b1010'　　B. '10'　　C. '0o12'　　D. '0xa'

2. float(False) 的输出结果为（　　）。

A. 0.0　　B. 0　　C. 5　　D. 报错

3. eval("3*5") 的输出结果为（　　）。

A. 3*5　　B. 8　　C. 15　　D. 35

4. 若 x,y=1,"a"，下列语句中可以正常执行的是（　　）。

A. print(str(x)+y)　　B. print(x+int(y))

C. print(x+str(y))　　D. print(x+y)

5. bool(1) 的输出结果为（　　）。

A. False　　B. True　　C. false　　D. true

6. 下列选项中，可以将数字 1 转换为字符串的是（　　）。

A. int(1)　　B. str(1)　　C. int("1")　　D. 类型不同，无法转换

三、判断题

1. hex( ) 函数用来将浮点数转换为十六进制数。（　　）

2. chr( ) 函数用来将一个整数转换成字符。（　　）

四、程序设计题

通过编写程序，将十进制数分别转换为二进制数、八进制数、十六进制数，程序运行结果如图 2-5-1 所示。

```
请输入一个十进制数：15
其二进制数为： 1111
其八进制数为： 17
其十六进制数为： f
```

图 2-5-1　程序运行结果

实训三 设计学生成绩统计系统程序

一、填空题

1. ________函数的作用是对数据进行四舍五入操作，并保留规定的小数位数。
2. 函数 round(3.141592,3) 的值为________。
3. 表达式 'ab' in 'acbed' 的值为________。

二、程序设计题

学校超市计划对新入库的商品进行统计整理，入库工作人员需要输入商品名称、商品单价、入库数量、入库单位，并统计入库总金额。请编写代码，将实训表 3-1 所示商品入库，程序运行结果如实训图 3-1 所示。

实训表 3-1 商品入库信息

商品名称	商品单价（元）	入库数量	入库单位
自热米饭	15.0	200	盒

```
请输入商品名称：自热米饭
请输入商品单价：15.0
请输入入库数量：200
请输入入库单位：盒
统计结果如下：
        商品名称    商品单价    入库数量    入库单位    金额统计
        自热米饭    15.0元      200         盒          3000.0元
```

实训图 3-1 程序运行结果

综合实训二 设计简易计算器程序

一、实训目的

1. 掌握变量与常量的定义和使用方法。
2. 掌握运算符与表达式的使用方法。
3. 理解数值与字符串的区别和转换方法。

二、实训描述

在 PyCharm 集成开发环境中编写一个简易计算器程序，要求输入两个数和一个运算符，实现加、减、乘、除等运算并输出结果，程序运行过程如综合实训图 2–1 和综合实训图 2–2 所示。

```
请输入第一个数：45
请输入运算符号（+、-、*、/）：-
请输入第二个数：32
计算题 45.0 - 32.0 = 13.0
```

综合实训图 2–1　程序第一次运行过程

```
请输入第一个数：35
请输入运算符号（+、-、*、/）：=
请输入第二个数：23
输入的运算符号不正确，请检查！
```

综合实训图 2–2　程序第二次运行过程

三、实训环境配置

1. Windows 10 操作系统。
2. Python 开发环境。
3. PyCharm 集成开发环境。

四、实训准备

1. 为变量赋值

在 Python 交互模式下输入以下内容，并在横线上填写输出的内容。

```
>>> a=5
>>> a                    ________________
>>> x=a
>>> x                    ________________
>>> a,b=4,8
>>> a                    ________________
>>> b                    ________________
>>> x=y=z=6
>>> x                    ________________
>>> y                    ________________
>>> z                    ________________
>>> a,b=b,a
>>> a                    ________________
>>> b                    ________________
```

2. 计算表达式的值

在 Python 交互模式下输入以下内容，并在横线上填写输出的内容。

```
>>> a=3
>>> a+=5
>>> a                    ________________
```

```
>>> a-=4
>>> a                                    ________
>>> a*=3
>>> a                                    ________
>>> a/=4
>>> a                                    ________
>>> a**=2
>>> a                                    ________
>>> a%=4
>>> a                                    ________
>>> a+=5
>>> a                                    ________
>>> a//=4
>>> a                                    ________
>>> 12*2-12%4/2                          ________
>>> a,b=2,4
>>> a>b                                  ________
>>> a<b and 1                            ________
>>> a>b or a<0                           ________
>>> not a<b                              ________
>>> 'a' in "apple"                       ________
```

3. 处理字符串

在 Python 交互模式下输入以下内容，并在横线上填写输出的内容。

```
>>> print("a\\b")                        ________
>>> print("a\nb")                        ________
>>> print("a\tb")                        ________
>>> print("a\rb")                        ________
>>> print("a\'b")                        ________
>>> print("a\"b")                        ________
>>> str1="I love learning Python"
```

```
>>> str1[0]                    ____________
>>> str1[7:11]                 ____________
>>> str1[7:12]                 ____________
>>> str1[:6]                   ____________
>>> str1[7:]                   ____________
>>> str1[2:5:2]                ____________
>>> str1[-3]                   ____________
>>> str1[-3:]                  ____________
>>> str1[-6:]                  ____________
>>> "learn"+"ing"              ____________
```

4. 转换数据类型

```
>>> int(False)                 ____________
>>> float(20)                  ____________
>>> float("abc")               ____________
>>> str(3.14)                  ____________
>>> repr(3.14)                 ____________
>>> chr(97)                    ____________
>>> ord("A")                   ____________
>>> hex(10)                    ____________
>>> hex(16)                    ____________
>>> oct(10)                    ____________
>>> bin(10)                    ____________
>>> eval("1+2")                ____________
```

五、实训实施

1. 编写程序代码

根据实训描述要求，在 PyCharm 集成开发环境的代码区域中输入以下代码，并在理解下列代码意义的基础上，在横线上将代码补充完整。

```
# 简易计算器程序
# 输入数值和运算符
num1=float(input(" 请输入第一个数："))
oper1=input(" 请输入运算符号（+、-、*、/）：")
________________________________________
# 判断运算符并计算，将结果存储在变量 result 中
if oper1=='+':
    result=num1+num2
________________________________________
    result=num1-num2
elif oper1=='*':
________________________________________
elif oper1=='/':
    result=num1/num2
else:
    result=None
# 判断运算结果，输出相应内容
if result is not None:
________________________________________
else:
    print(" 输入的运算符号不正确，请检查！ ")
```

2. 运行与调试程序

运行并修改代码，排除出现的错误，并在综合实训表 2-1 中做好记录。

综合实训表 2-1　运行与修改记录

序号	输入内容	输出结果	是否出错	错误原因	处理方法

六、实训评价

本实训完成后，学生展示实训实施成果，讲述或介绍在完成实训过程中的心得体会。从职业素养、专业能力、工作成果等方面对该学生进行评价，采用自我评价、小组评价、教师评价相结合的多元评价方式，填写综合实训表 2–2。

综合实训表 2–2　实训评价

序号	评价内容	配分 / 分	评价分数		
			自我评价（占比 30%）	小组评价（占比 30%）	教师评价（占比 40%）
1	能认识变量及为变量赋值	10			
2	能认识各类运算符及其计算方法	20			
3	能认识运算符的优先级顺序	10			
4	能读取字符串的字符及进行切片处理	20			
5	能实现数值与字符串之间的转换	20			
6	能在 PyCharm 集成开发环境中设计简易计算器程序	20			
学生姓名			综合评分		

第三章　程序控制结构

第一节　顺序结构

一、填空题

1. 已知 x=3，那么执行语句 x *= 6 之后，x 的值为________。
2. 已知 x,y=3,5，那么执行 x,y=y,x 语句之后，x 的值为________。
3. 表达式 1<2<3 的值为________。
4. 语句 x=3==3 执行结束后，变量 x 的值为________。

二、选择题

1. 下列语句在 Python 中非法的是（　　）。

A. x=y=z=1　　B. x=(y=z+1)

C. x,y=y,x　　D. x+=y;x=x+y

2. 要获取用户输入的数据，可以使用函数（　　）。

A. read( )　　B. input( )　　C. scanf( )　　D. get( )

3. 下列表达式中值为 True 的是（　　）。

A. 5+4j>2−3j　　B. 3>2>2

C. 1==1 and 2!=1　　D. not(1==1 and 0!=1)

4. print(100−25*3%4) 应输出（　　）。

A. 1　　B. 97　　C. 25　　D. 0

三、判断题

1. 在顺序结构中，代码的执行顺序是根据条件语句的真假来确定的。（　　）
2. 如果在顺序结构中某行代码出现错误，程序将立即停止执行并报错。（　　）
3. 在顺序结构中，程序的执行是线性的，不会出现分支。（　　）

四、名词解释

顺序结构

五、程序设计题

通过编写程序，输入长方体的长、宽和高（单位：米），求长方体的体积，程序运行结果如图 3-1-1 所示。

```
请输入长：2
请输入宽：3
请输入高：4
此长方体的体积为24.00 立方米
```

图 3-1-1　程序运行结果

第二节 选择结构

一、填空题

1. 选择结构可以分为________选择结构、双分支选择结构和________选择结构。
2. 在 if 语句中，如果条件不满足，可以使用关键字________执行另一条分支。

3. 若要在多分支选择结构中选择一个分支执行，可以使用关键字________。
4. 在选择结构中，每个条件后面都需要使用________来表示代码块的开始。

二、选择题

1. 下列选项中，合法的 Python 条件表达式为（　　）。

A. abc=x if x>0 else 0　　　　B. abc=x if x>0

C. abc=x else 0 if x>0　　　　D. abc=x>0?x : 0

2. 在选择结构中，每个条件下的代码块通常使用（　　）来缩进。

A. _　　　B. /　　　C. #　　　D. 空格或制表符

3. 在 Python 中，用于比较两个值是否相等的运算符是（　　）。

A. =　　　B. ==　　　C. !=　　　D. ===

4. 在多分支结构中，如果前一个条件不满足，将继续检查（　　）。

A. 上一个条件　　　　B. 上面两个条件

C. 下一个条件　　　　D. 所有条件

5. 在多分支结构中，如果前一个条件满足，后面的条件将（　　）。

A. 重新执行　　　B. 跳过　　　C. 不会执行　　　D. 重新排序

三、判断题

1. 在 Python 中，if 语句用于实现选择结构，根据条件是否为真执行相应的代码块。（　　）
2. 在选择结构中，else 语句是必需的，每个 if 语句都必须有对应的 else 语句。（　　）
3. 在 if…else 结构中，只有当 if 条件为真时，才会执行 else 语句中的代码块。（　　）
4. 每个 elif 条件表达式后面都要有冒号“:”。（　　）

四、程序设计题

1. 通过编写程序，实现如果输入“晴天”，则输出“我会去游乐园玩”；如果输入其他天气情况，则输出“我会在家学习”，程序运行结果如图 3-2-1 所示。

```
请输入明天的天气（晴天、阴天、雨）：晴天
我会去游乐园玩
```

图 3-2-1　程序运行结果

2. 通过编写程序，实现如果就餐人数达到或超过 10 人，则安排大桌；如果人数为 6 ~ 9 人，则安排中桌；如果人数小于或等于 5 人，则安排小桌。程序运行结果如图 3–2–2 所示。

图 3-2-2　程序运行结果

一、填空题

1. 执行 Print(float(5)) 语句的输出结果为________。

2. ________函数的作用是将数 x 按四舍五入精确到小数点后 m 位。

3. 在多分支结构中，如果前面的条件都不满足，将执行________部分的代码。

4. 在 if…elif…else 结构中，至多只有____个代码块被执行。

二、选择题

1. 在 Python 中，用于实现多个分支的结构为（　　）。

A. for…else　　B. while…else

C. if…elif…else　　D. try…except

2. 在下列代码中，可以输出 20 的是（　　）。

A.
```
a=20
if a>10
  print(a)
```
B.
```
a=20
if a>10:
print(a)
```
C.
```
a=20
if a>10
print(a)
```
D.
```
a=20
if a>10:
    print(a)
```

3. 执行下列语句时输入 6 后的输出结果是（　　）。

```
a=int(input(" 请输入月份 "))
if 1<a<=3:
    print(" 春天 ")
elif 3<a<=6:
    print(" 夏天 ")
elif 6<a<=9:
    print(" 秋天 ")
else：
    print (" 冬天 ")
```

A. 春天　　B. 夏天

C. 秋天　　D. 冬天

三、判断题

1. 在 Python 中，通常使用 if…else 语句来实现多分支结构。（　　）

2. 在多分支结构中，条件的前后顺序没有关系，一定不会影响执行结果。（　　）

3. 在多分支结构中，每个条件都是独立的，不受前一个条件的影响。（　　）

四、程序设计题

1. 通过编写程序，判断一个整数是否为偶数。如果该整数为偶数，输出“是偶数”，否则输出“不是偶数”。程序运行结果如实训图 4–1 所示。

```
请输入一个整数：35
不是偶数
```

实训图 4-1　程序运行结果

2. 通过编写程序，判断输入的月份所属的季节。假定 3—4 月为春季，5—8 月为夏季，9—10 月为秋季，其余月份为冬季，若输入的数据不为 1~12，则提示出错信息。程序运行结果如实训图 4–2 所示。

```
请输入月份：3
春季
```

实训图 4-2　程序运行结果

第三节 循环结构

一、填空题

1. 在 while 循环中，循环条件的值通常为________类型。

2. 在 for 循环中，可以使用内置函数________来生成一个等差整数列表。

3. 在循环中，为了跳过当前循环体中剩下的语句并从头开始下一次循环，可以使用____________语句。

4. ________循环更适合实现循环次数确定的循环结构。

5. for 语句后面需要一个________，表示紧跟着的是循环体。

二、选择题

1. 在循环体内，要跳出本次循环，可以使用关键字（　　）。

A. pass　　B. skip　　C. continue　　D. break

2. 循环语句“for i in range(1,10,2):”执行了（　　）次循环。

A. 4　　B. 5　　C. 6　　D. 7

3. 下列关于分支和循环结构的描述中错误的是（　　）。

A. 在 Python 中，表达式 x<=y<=z 是合法的

B. 分支结构中的代码块是用冒号来标记的

C. while 循环要避免出现死循环

D. 双分支选择结构 < 表达式 1> if < 条件表达式 > else < 表达式 2> 形式适合控制程序分支

4. 在 Python 中，用于实现循环结构的关键字为（　　）。

A. loop　　B. repeat　　C. iterate　　D. while

5. 代码如下：

```
a=input("").split(",")
x=0
while x<len(a):
    print(a[x],end="")
    x+=1
```

在程序执行时，从键盘输入“Python,是,一种,流行语言”，则代码的输出结果为（　　）。

A. 执行代码出错　　B. Python,是,一种,流行语言

C. Python是一种流行语言　　D. 无输出

三、判断题

1. 在Python中，for循环通常用于遍历列表等序列类型中的数据。（　　）

2. 使用语句while True可以创建一个无限循环，所以需要在循环体内使用break语句来终止循环。（　　）

3. 在循环中，每次循环的代码块通常使用一对花括号“{}”括起来。（　　）

4. continue语句和break语句的功能是完全相反的。（　　）

5. 在while循环中，如果循环条件一开始就不满足，循环体也会执行一次。（　　）

四、程序设计题

1. 通过编写程序，实现从键盘输入一个三位数，直到输入 –1 结束程序，求出各位数字的和，程序运行结果如图3–3–1所示。

```
输入一个三位数(输入-1结束程序): 123
1+2+3=6
输入一个三位数(输入-1结束程序): 321
3+2+1=6
输入一个三位数(输入-1结束程序): -1
```

图3–3–1　程序运行结果

2. 通过编写程序，使用循环结构语句输出一个字符图形，程序运行结果如图 3-3-2 所示。

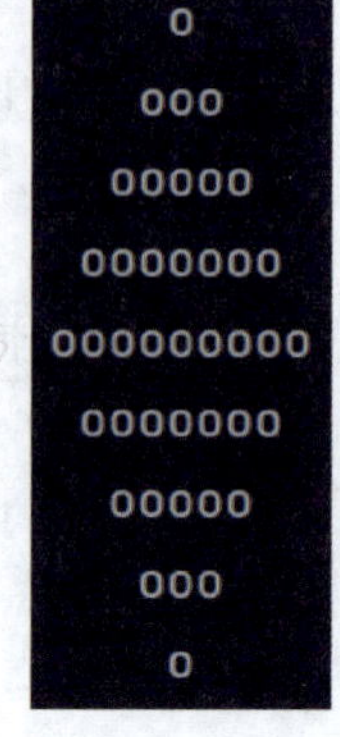

图 3-3-2　程序运行结果

实训五　设计抓小偷程序

一、选择题

1. 下面程序的运行结果为（　　）。

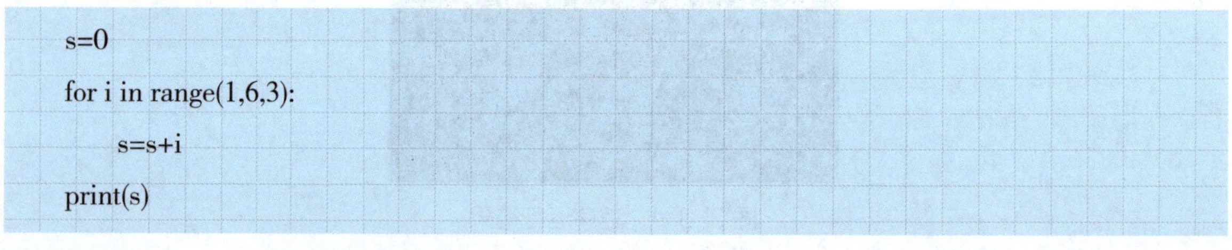

```
s=0
for i in range(1,6,3):
    s=s+i
print(s)
```

A. 10　　B. 15　　C. 7　　D. 5

2. 下面程序的运行结果为（　　）。

```
n=1
for i in range(0,5):
    n=n*i
print(n)
```

A. 24　　B. 120　　C. 0　　D. 25

3. 已知 S=1+2+3+…+N，设计程序，寻找一个最大正整数 N，使得 S<3 000。该程序最适

合的程序结构为（　　）结构。

A. for 循环　　B. 顺序

C. while 循环　　D. 分支

4. 在 Python 中，range(0,3) 生成的序列为（　　）。

A. 1,2,3　　B. 0,1,2,3　　C. 0,1,2　　D. 3

5. 下面程序的运行结果为（　　）。

```
num=1
while num<=10:
    num+=1
print(num)
```

A. 1　　B. 11　　C. 10　　D. 2

二、程序设计题

通过编写程序，输出九九乘法口诀表，程序运行结果如实训图 5-1 所示。

```
1*1= 1
2*1= 2 2*2= 4
3*1= 3 3*2= 6 3*3= 9
4*1= 4 4*2= 8 4*3=12 4*4=16
5*1= 5 5*2=10 5*3=15 5*4=20 5*5=25
6*1= 6 6*2=12 6*3=18 6*4=24 6*5=30 6*6=36
7*1= 7 7*2=14 7*3=21 7*4=28 7*5=35 7*6=42 7*7=49
8*1= 8 8*2=16 8*3=24 8*4=32 8*5=40 8*6=48 8*7=56 8*8=64
9*1= 9 9*2=18 9*3=27 9*4=36 9*5=45 9*6=54 9*7=63 9*8=72 9*9=81
```

实训图 5-1　程序运行结果

综合实训三 设计通讯录管理程序菜单

一、实训目的

1. 理解程序的控制结构。
2. 掌握分支结构和循环结构。
3. 能使用 if、for、while 等控制语句。

二、实训描述

使用 PyCharm 集成开发环境编写一个通讯录管理程序菜单，要求在程序启动时首先显示菜单，菜单项包括添加联系人、显示所有联系人、删除联系人及退出程序，并分别用 1、2、3、4 等数字表示。然后根据提示信息输入对应的操作序号并执行相应的操作，当输入的操作序号为其他数字时输出序号无效的提示信息。程序运行过程如综合实训图 3-1 所示。

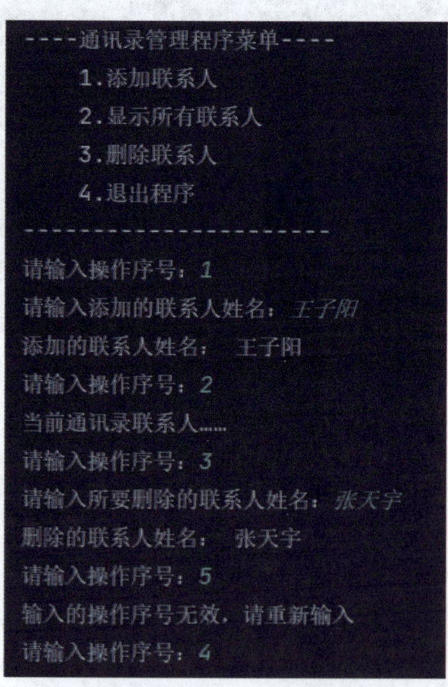

综合实训图 3-1 程序运行过程

三、实训环境配置

1. Windows 10 操作系统。
2. PyCharm 集成开发环境。

四、实训准备

1. 认识选择结构

（1）在 PyCharm 集成开发环境下输入以下内容，并在横线上填写程序执行后的输出结果。

```
x=eval(input(" 请输入一个数 :"))
y=x
if x<0:
    y=-x
print("{} 的绝对值为 {}".format(x,y))
```

在程序运行时输入 –5，执行后的输出结果为________________。

在程序运行时输入 10，执行后的输出结果为________________。

（2）在 PyCharm 集成开发环境下输入以下内容，并在横线上填写程序执行后的输出结果。

```
x=eval(input(" 请输入一个整数 :"))
if x % 2==0:
    print("{} 是一个偶数。".format(x))
else:
    print("{} 是一个奇数。".format(x))
```

在程序运行时输入 15，执行后的输出结果为________________。

在程序运行时输入 28，执行后的输出结果为________________。

（3）在 PyCharm 集成开发环境下输入以下内容，并在横线上填写程序执行后的输出结果。

```
x=eval(input(" 请输入第一个数 :"))
y=eval(input(" 请输入第二个数 :"))
z=eval(input(" 请输入第三个数 :"))
```

```
if x>y:
    x,y=y,x
if x>z:
    x,z=z,x
if y>z:
    y,z=z,y
print(x,y,z)
```

在程序运行时分别输入 3、2、1，执行后的输出结果为________________。

（4）在 PyCharm 集成开发环境下输入以下内容，并在横线上填写程序执行后的输出结果。

```
c=input(" 请输入一个字符 :")
if c>='a' and c <='z':
    print("{} 是一个小写字符。".format(c))
elif c>='A' and c <='Z':
    print("{} 是一个大写字符。".format(c))
elif c>='0' and c <='9':
    print("{} 是一个数字字符。".format(c))
else:
    print("{} 是其他字符。".format(c))
```

在程序运行时输入 a，执行后的输出结果为________________。

在程序运行时输入 *，执行后的输出结果为________________。

（5）在 PyCharm 集成开发环境下输入以下内容，并在横线上填写程序执行后的输出结果。

```
x=eval(input(" 请输入一个字符 :"))
print(" 能被 3 整除 " if x % 3==0 else " 不能被 3 整除 ")
```

在程序运行时输入 6，执行后的输出结果为________________。

在程序运行时输入 7，执行后的输出结果为________________。

2. 认识循环结构

（1）在 PyCharm 集成开发环境下输入以下内容，并在横线上填写程序执行后的输出结果。

```
for i in range(1,11):
    print(i,end=" ")
```

程序执行后的输出结果为________________。

（2）在 PyCharm 集成开发环境下输入以下内容，并在横线上填写程序执行后的输出结果。

```
for i in range(11,31):
    print(i,end=" ")
    if i % 5==0:
      print( )
```

程序执行后的输出结果为________________

____

____

________________。

（3）在 PyCharm 集成开发环境下输入以下内容，并在横线上填写程序执行后的输出结果。

```
i=1
s=0
while i<=5:
    x=eval(input(" 请输入学生成绩："))
    s+=x
    i+=1
print(" 本组 5 位学生的成绩总分为：",s)
```

在程序运行时输入 62、58、91、60、89，执行后的输出结果为________________。

（4）在 PyCharm 集成开发环境下输入以下内容，并在横线上填写程序执行后的输出结果。

```
n=0
while True:
    x=eval(input(" 请输入学生成绩："))
    if x>=60:
        n+=1
    if n>=3:
        break
print(" 根据刚才输入的学生成绩可知，共有 {} 人合格。".format(n))
```

在程序运行时输入 56、72、82、58、86，执行后的输出结果为________________

__________。

（5）在 PyCharm 集成开发环境下输入以下内容，并在横线上填写程序执行后的输出结果。

```
for i in range(1,4):
    for j in range (1,6):
        print("*",end=" ")
    print( )
```

程序执行后的输出结果为__________

____

__________。

五、实训实施

1. 编写程序代码

根据实训描述要求，在 PyCharm 集成开发环境的代码区域输入以下代码，并在理解代码含义的基础上，在横线上将代码补充完整。

```
# 通讯录管理程序菜单
# 菜单界面
print("---- 通讯录管理程序菜单 ----")
print("    1. 添加联系人 ")
print("    2. 显示所有联系人 ")
______________________________
print("    4. 退出程序 ")
print("------------------------")
# 启动程序后循环执行以下程序段，直到输入序号 4 为止
while True:
    choice=input(" 请输入操作序号：")
    ______________________________
        name=input(" 请输入添加的联系人姓名：")
        print(" 添加的联系人姓名：",name)
    elif choice=="2":
        print(" 当前通讯录联系人……")
```

```
elif choice=="3":
    name=input(" 请输入所要删除的联系人姓名：")
________________________________
elif choice=="4":
    break
else:
    print(" 输入的操作序号无效，请重新输入 ")
```

2. 运行与调试程序

运行并修改代码，排除出现的错误，并在综合实训表 3-1 中做好记录。

综合实训表 3-1 运行与修改记录

序号	输入内容	输出结果	是否出错	错误原因	处理方法

六、实训评价

本实训完成后，学生展示实训实施成果，讲述或介绍在完成实训过程中的心得体会。从职业素养、专业能力、工作成果等方面对该学生进行评价，采用自我评价、小组评价、教师评价相结合的多元评价方式，填写综合实训表 3-2。

综合实训表 3-2 实训评价

序号	评价内容	配分 / 分	评价分数		
			自我评价（占比 30%）	小组评价（占比 30%）	教师评价（占比 40%）
1	能使用单分支 if 语句	10			
2	能使用双分支 if 语句	10			
3	能使用多分支 if 语句	10			
4	能使用 for 语句	15			

续表

序号	评价内容	配分 / 分	评价分数		
			自我评价（占比 30%）	小组评价（占比 30%）	教师评价（占比 40%）
5	能使用 while 语句	15			
6	能将循环语句嵌套	20			
7	能使用 PyCharm 集成开发环境设计通讯录管理程序菜单	20			
学生姓名			综合评分		

第四章　Python 容器

第一节　列表

一、填空题

1. 列表是 Python 内置的______序列。
2. 当不再使用某个列表时，可以用______命令将其删除，以释放存储空间。
3. ________函数用来将一个数据结构对象转换为列表。
4. 如果想知道指定元素是否在列表中，可以使用______成员运算符来判断。
5. ________方法用来统计指定元素在列表中出现的次数。

二、选择题

1. 在 Python 中，使用（　　）来创建空列表。

A. [ ]　　B. None　　C. {}　　D. ()

2. 下列选项中，可在列表的末尾添加一个元素的是（　　）。

A. list.append( )　　B. list.insert( )

C. list.extend( )　　D. list.remove( )

3. 在 Python 中，能修改 list 列表中原元素的操作是（　　）。

A. list1 = list1[:]　　B. list1 = list1[::-1]

C. list1[2] ='new value'　　D. list1 = list1 + [3,4,5]

4. 下列选项中，可以返回列表中某个元素的索引的是（　　）。

A. index( )　　B. count( )　　C. append( )　　D. remove( )

三、判断题

1. Python 中的列表可以包含不同类型的元素。（　　）
2. Python 中的列表可以通过索引访问元素，索引从 1 开始。（　　）
3. Python 中的列表可以使用负数索引，从末尾开始访问元素。（　　）

4. 利用列表对象的 sort( ) 方法可对列表元素进行排序，默认为降序排序。 ( )

四、名词解释

1. 序列

2. 列表

五、程序设计题

小王邀请三位朋友张三、李四和王五周末到家中聚会，要求编写程序将参加聚会的人员的姓名存储在列表 family 中，然后进行如下操作。

1. 张三临时有事不能来，请使用 remove( ) 方法在列表中删除张三。

2. 之后又有一位新朋友小明来参加聚会，请使用 append( ) 方法在列表末尾加入新朋友小明的姓名。

3. 输出所有参加周末聚会人员的姓名。

实训六　设计解密身份证号码程序

一、填空题

1. 对列表元素排序可以使用________方法。

2. ________函数的功能是将字符型转换为数值型。

3. 在 Python 中，可以使用 count( ) 方法来统计列表的__________________。

4. 在 Python 中，可以使用 append( ) 方法将一个元素添加到列表的______。

二、选择题

1. 可以使用索引来访问列表中的元素，索引从（　　）开始。

A. 0　　B. 1　　C. 2　　D. 4

2. 下列有关 Python 列表的说法中，错误的是（　　）。

A. 列表为可变序列类型

B. 列表可以存储不同类型的元素

C. 列表中的元素可以通过索引访问和修改

D. 列表中的元素不能重复出现

3. 下列选项中，可用来判断 Python 列表是否包含某个元素的是（　　）。

A. in　　B. not in

C. ==　　D. !=

4. 下列选项中，可用来在 Python 列表指定位置插入元素的是（　　）。

A. insert( )　　B. append( )

C. extend( )　　D. add( )

三、判断题

1. 可以对列表中的元素进行增加、修改、排序、反转等操作。（　　）

2. 字符串、列表都可以通过索引进行切片操作。（　　）

3. 使用 copy( ) 方法可以在内存中开辟一个新的空间供新的列表使用，修改了其中的一个列表，另一个列表也会发生变化。（　　）

四、程序设计题

1. 通过编写程序创建一个列表，其中包含数字 1 ~ 1 000，然后使用 for 循环将这些数字输出且每行输出 10 个数。提示：Python 中提供了一种 f-string 格式化方式，例如，print(f"Name:{name},Age:{age}")。f-string 也可用于 input( ) 函数提示字符串中。

2. 在某次比赛中，有 5 位评委给选手打分，打分范围为 0 ~ 10 分。请使用列表及 for 循环编写程序，要求用户输入 5 位评委的打分，在去掉一个最高分和一个最低分后计算出打分的平均值，该平均值就是选手的最终得分，并为最终得分保留两位小数。程序运行结果如实训图 6-1 所示。提示：在输入数据时，可以使用如下语句：input（f" 请输入第 {n} 位评委的打分："），其中 f 表示格式化字符串，即将 n 值转化为字符串输出。

```
请输入第1位评委的打分：9
请输入第2位评委的打分：5
请输入第3位评委的打分：6
请输入第4位评委的打分：4
请输入第5位评委的打分：7
该选手的最终得分是：6.00
```

实训图 6-1　程序运行结果

第二节 元组

一、填空题

1. 元组是一个________序列，一旦创建，就不能改变元组的元素。

2. 当一个元组不再使用时，可以利用________命令将其删除，以释放存储空间。

3. 元组可以通过______引用一个元素，也可以通过______引用多个元组。

4. 利用________函数可将一个数据结构对象（如列表、字符串或其他类型的数据等）转换为元组。

5. 元组可以使用________运算符进行拼接操作。

二、选择题

1. 元组与（　　）在功能上最为相似。

A. 列表　　B. 字典　　C. 集合　　D. 字符串

2. 下列选项中，不能用于元组的操作的是（　　）。

A. 切片　　B. 索引　　C. 添加元素　　D. 删除元素

3. 下列选项中，可以统计元组中的元素个数的是（　　）。

A. count　　B. len　　C. sum　　D. index

三、判断题

1. 元组是一种可变序列类型。（　　）

2. 元组可以使用 append( ) 方法添加元素。（　　）

3. 元组中的元素都使用括号“( )”括起来，元素之间用逗号“,”分隔，且元素可以为任意类型。（　　）

4. 当元组中只有一个元素时，元素后面必须有逗号，否则括号会被认为是运算符，而不是元组的边界符。（　　）

四、名词解释

元组

五、程序设计题

通过编写程序，利用元组输入一个大小为 0 ~ 9 的正整数，将该正整数自动转换成中文大写数字（零壹贰叁肆伍陆柒捌玖）并输出。程序运行结果如图 4-2-1 所示。

```
请输入一个0~9的正整数：3
叁
```

图 4-2-1　程序运行结果

第三节 集合

一、填空题

1. 集合是由一组无序且元素________、确定的对象所构成的序列。

2. 在 Python 中，集合分为可变集合和不可变集合，在没有特别声明时，集合都是指______集合。

3. 集合的常用创建方法有两种，一是使用花括号“{}”创建，二是使用________函数或___________创建，元素间使用逗号“,”分隔。

4. 当不再使用某个集合时，可以利用________命令将其删除，以释放存储空间。

5. 集合是一个无序的序列，所以在输出时的顺序是______的。

二、选择题

1. 下列选项中，不是 Python 中集合的特点的是（　　）。

A. 集合中的元素是唯一的　　　　B. 集合是无序的

C. 可以通过索引引用集合中的元素　　D. 集合中的元素不能重复

2. 下列选项中，不属于集合操作的是（　　）操作。

A. 并集　　B. 交集　　C. 差集　　D. 乘法

3. 下列关键字中，（　　）可以用来创建一个空集合。

A. empty　　B. null　　C. set()　　D. none

4. 下列运算符中，（　　）可以用来检查两个集合是否相等。

A. ==　　B. !=　　C. ^=　　D. =

5. 下列表达式中，（　　）可以用来创建一个包含三个元素的集合。

A. {1, 2, 3}　　B. [1, 2, 3]　　C. (1, 2, 3)　　D. {1, 2, 3, 4}

三、判断题

1. Python 中的集合是可变的，即可以添加或删除元素。（　　）
2. 集合中的元素是唯一的，即集合中不允许有重复的元素。（　　）

四、名词解释

集合

五、程序设计题

通过编写程序，运用集合的方法，生成 20 个大小为 50 ~ 100 的互不相等的整数，统计出其中有多少个偶数，并输出所有的偶数。程序运行结果如图 4-3-1 所示。

```
随机生成的20个数:
{50, 54, 58, 59, 60, 61, 64, 68, 73, 75, 82, 83, 85, 87, 90, 94, 96, 97, 98, 100}
偶数数量: 12
所有的偶数: {64, 96, 98, 68, 90, 100, 50, 82, 54, 58, 60, 94}
```

图 4-3-1　程序运行结果

实训七 设计拷贝不走样程序

一、填空题

1. 要将列表、集合转换成字符串，可以使用________函数，其格式为________________。
2. 若 str1= "abc"，则 print(str1*2) 的输出结果为____________。
3. len([1,2,3,4]) 的值为____。
4. list("abc") 的值为____________。

二、程序设计题

1. 通过编写程序，实现分数汇总功能，在用户输入姓名和分数（直到用户输入 stop 结束程序）后，将姓名和分数添加到列表中，最后遍历列表并输出所有姓名和分数。程序运行结果如实训图 7–1 所示。

```
请输入姓名（或输入 stop 以停止）：张小北
请输入分数：70
请输入姓名（或输入 stop 以停止）：李大南
请输入分数：86
请输入姓名（或输入 stop 以停止）：stop
姓名：张小北，分数：70
姓名：李大南，分数：86
```

实训图 7-1　程序运行结果

2. 通过编写程序打印小王的购物清单。小王购买的商品如下：收音机 1 台，单价 250 元；盆子 10 只，每只 5.2 元；鲜花 3 盆，每盆 25 元；书籍 10 册，每册 5 元；水笔 20 支，每支 2 元。对上述内容按以下格式要求打印和统计：第一行打印购物单名称，如“小王购物单”；第二行打印“商品名称　数量　单价　金额(元)”；从第三行开始连续打印所购商品内容；接着打印“合计总消费金额(元)”，程序运行结果如实训图 7-2 所示。

```
========小王购物单========
商品名称    数量    单价    金额(元)
  收音机       1     250       250
    盆子      10     5.2      52.0
    鲜花       3      25        75
    书籍      10       5        50
    水笔      20       2        40
--------合计总消费金额(元):467.00
```

实训图 7-2　程序运行结果

第四节 字典

一、填空题

1. 列表是一个可变序列，元组是一个不可变序列，而字典是一个可变的______序列。

2. 字典中的元素是无序的，不能像列表、元组那样通过索引访问元素，而是通过____访问对应的值。

3. 字典中各元素的键是唯一的，不允许______，而______是可以重复的。

4. 为了避免因报错而导致程序中止，字典对象提供了________方法来获取指定键对应的值。

5. 在删除字典元素时，可以使用________命令删除指定的元素，也可以使用 ________方法删除所有元素，使其成为一个空字典。

二、选择题

1. 下列选项中，能用来获取字典中指定键对应的值的是（　　）。

A. dict.keys( )　B. dict.values( )　C. dict.items( )　D. dict.get(key)

2. 下列选项中，能创建一个新的字典的是（　　）。

A. dict1=dict2

B. dict1={"key1": "value1", "key2": "value2"}

C. dict1["key3"]="value3"

D. del dict1["key1"]

3. 下列选项中，可以随机删除字典中的元素的方法是（　　）。

A. setdefault( )　B. pop( )

C. insert( )　D. popitem( )

4. 下列选项中，可以删除字典中的某个键值对的是（　　）。

A. del dict[key]　B. dict[key]=None

C. dict.pop[key]　D. del dict[key]=None

三、判断题

1. 字典中的键必须为任意不可变类型，如整型、浮点型、字符串、元组等，不能使用列

表、字典、集合等可变类型。 (　　)

2. 当一个字典不再使用时，可以利用 delete 命令将其删除，以释放存储空间。 (　　)

3. 添加或修改一个字典元素时，可以直接以指定键为索引，给字典元素赋值。若指定的键不存在，则为添加操作，否则为修改操作。 (　　)

四、名词解释

1. 字典

2. 键值对

五、程序设计题

1. 通过编写程序，利用字典输入姓名及分数（输入 stop 停止），然后通过输入姓名查询分数（若查询失败，需给出相应提示）。程序运行结果如图 4-4-1 所示。

```
请输入姓名（输入stop停止）：张小北
请输入分数：89
请输入姓名（输入stop停止）：李大南
请输入分数：76
请输入姓名（输入stop停止）：stop
请输入要查询的姓名（输入quit退出）：李大南
李大南 的分数是：76
请输入要查询的姓名（输入quit退出）：刘东
没有找到 刘东的分数。
请输入要查询的姓名（输入quit退出）：quit
```

图 4-4-1　程序运行结果

2. 已知某班级 4 名学生的语文、英语和数学成绩见表 4-4-1，通过编写程序，输出班级成绩。

表 4-4-1　班级 4 名学生的成绩

序号	姓名	语文成绩	英语成绩	数学成绩
1	小明	95.5	98	97
2	小王	96	92	82
3	小丽	91	100	90
4	小花	88	93	99

具体要求如下：

（1）利用字典嵌套列表形式记录表 4–6–1 中的内容。

（2）输出记录内容。

（3）用 for 循环统计班级 4 名学生的语文、英语、数学成绩之和。

（4）求班级学生的语文平均成绩、英语平均成绩和数学平均成绩。

程序运行结果如图 4–4–2 所示。

```
小明 语文、英语、数学的总成绩 为290.5
小王 语文、英语、数学的总成绩 为270.0
小丽 语文、英语、数学的总成绩 为281.0
小花 语文、英语、数学的总成绩 为280.0
语文平均成绩92.6,英语平均成绩95.8,数学平均成绩92.0
```

图 4-4-2　程序运行结果

实训八　设计打印购物清单程序

一、填空题

1. 假设列表对象 aList 的值为 [3, 4, 5, 6, 7, 9, 11, 13, 15, 17]，那么切片 aList[3:7] 得到的值是____________________。

2. 已知列表对象 x=["11", "2", "3"]，则表达式 max(x) 的值为______。

3. 字典对象的________方法返回字典中所有的键值对。

4. 若要显示当前日期，引用日期和时间模块的语句为________________。

5. 用来获取当前日期的方法为______________________________________。

二、选择题

1. 下列选项的描述中错误的是（　　）。

A. Python 列表是包含 0 个或者多个对象引用的有序序列

B. Python 列表用中括号 [ ] 表示

C. Python 列表是一个可以修改数据项的序列类型

D. Python 列表的长度是不可变的

2. 下列关于列表 ls 操作的描述中，错误的是（　　）。

A. ls.clear( ) 的功能是删除 ls 的最后一个元素

B. ls.copy( ) 的功能是复制生成一个新列表

C. ls.reverse( ) 的功能是反转列表 ls 的所有元素顺序

D. ls.append(x) 的功能是在 ls 的最后增加元素 x

3. 下列选项中，不能用来创建一个集合的是（　　）。

A. s1=set( )　　　　B. s2=set("abcd")

C. s3=(1,2,3,4)　　　　D. s4=frozenset((3,2,1))

4. 下列选项中，（　　）不是 Python 元组的定义方式。

A. (1)　　B. (1,)　　C. (1, 2)　　D. (1, 2, (3, 4))

5. 元组 t=("cat", "dog", "tiger", "human")，则 t[::-1] 的结果为（　　）。

A. {'human', 'tiger', 'dog', 'cat'}

B. ['human', 'tiger', 'dog', 'cat']

C. 运行出错

D. ('human', 'tiger', 'dog', 'cat')

三、判断题

1. 列表、元组都是 Python 中的有序序列。　　( )
2. Python 集合中可以包含相同的元素。　　( )
3. Python 字典中的键不允许重复。　　( )
4. Python 集合中的元素可以是元组。　　( )
5. Python 列表中的所有元素必须为相同类型的数据。　　( )

四、程序设计题

1. 通过编写程序，从键盘输入一个数值型列表，然后逐个输出列表中的每个元素。程序运行结果如实训图 8-1 所示。

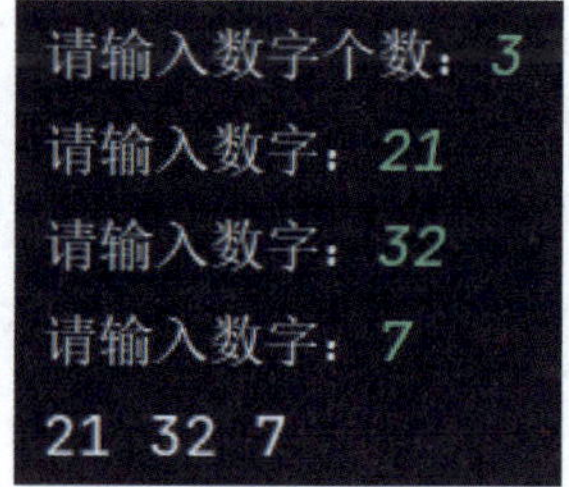

实训图 8-1　程序运行结果

2. 已知包含某班级学生成绩的字典为{" 张北 ": 45, " 李南 ": 78, " 王西 ": 40, " 赵东 ": 96}，通过编写程序，计算并输出学生成绩中的最高分、最低分和平均分。程序运行结果如实训图 8-2 所示。

```
('张北', 45)
('李南', 78)
('王西', 40)
('赵东', 96)
最高分：96，最低分：40，平均分：64.75
```

实训图 8-2 程序运行结果

综合实训四 设计简单车票订票程序

一、实训目的

1. 理解列表、元组、集合、字典的含义和创建方法。
2. 掌握列表元素的引用、修改、添加、插入和删除等方法。
3. 掌握元组元素的引用、删除和统计等方法。
4. 掌握集合元素的创建、删除和运算等方法。
5. 掌握字典元素的引用、添加、修改和删除等方法。

二、实训描述

使用 PyCharm 集成开发环境编写一个简单车票订票程序，假设一节车厢有三列四排，第一排座位号分别用 01A、01B、01C 表示，第二排座位号分别用 02A、02B、02C 表示，以此类推。首先初始化所有座位为“有票”状态，然后在购票时输入处于“有票”状态的座位号，并给出是否订票成功的提示信息；再将该座位号标记为“已售”状态。程序循环执行，直到输入座位号为 q 时退出程序。程序运行过程如综合实训图 4–1 所示。

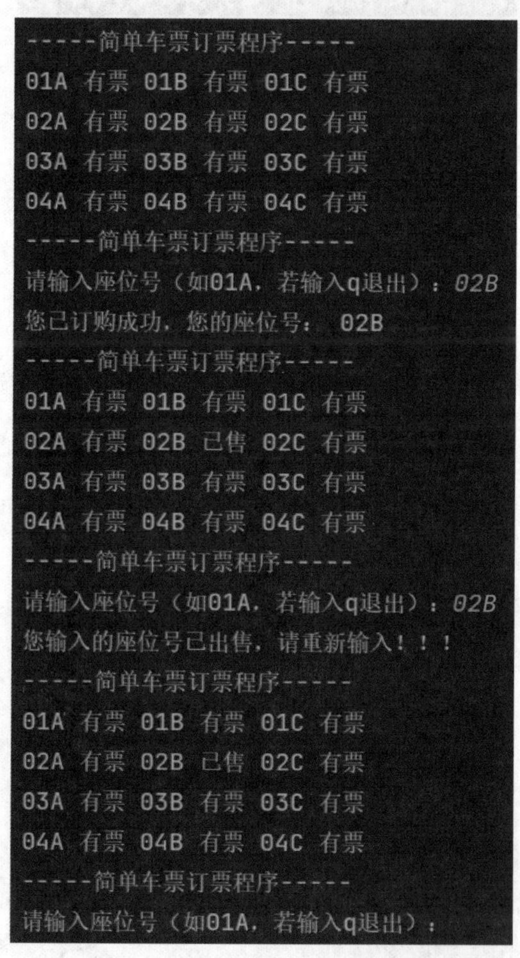

```
-----简单车票订票程序-----
01A 有票 01B 有票 01C 有票
02A 有票 02B 有票 02C 有票
03A 有票 03B 有票 03C 有票
04A 有票 04B 有票 04C 有票
-----简单车票订票程序-----
请输入座位号（如01A，若输入q退出）：02B
您已订购成功，您的座位号： 02B
-----简单车票订票程序-----
01A 有票 01B 有票 01C 有票
02A 有票 02B 已售 02C 有票
03A 有票 03B 有票 03C 有票
04A 有票 04B 有票 04C 有票
-----简单车票订票程序-----
请输入座位号（如01A，若输入q退出）：02B
您输入的座位号已出售，请重新输入！！！
-----简单车票订票程序-----
01A 有票 01B 有票 01C 有票
02A 有票 02B 已售 02C 有票
03A 有票 03B 有票 03C 有票
04A 有票 04B 有票 04C 有票
-----简单车票订票程序-----
请输入座位号（如01A，若输入q退出）：
```

综合实训图 4–1　程序运行过程

三、实训环境配置

1. Windows 10 操作系统。
2. Python 开发环境。
3. PyCharm 集成开发环境。

四、实训准备

1. 认识列表

（1）在 Python 交互模式下输入以下内容，并在横线上填写输出的内容。

```
>>> sdmz = [" 红楼梦 "," 西游记 "," 三国演义 "," 水浒传 "]
>>> sdmz[2]                                        ____________________
>>> list1=list("abcde")
>>> list1                                          ____________________
>>> list1.append("g")
>>> list1                                          ____________________
>>> list1.index("c")                               ____________________
>>> list1.insert(5,"f")
>>> list1                                          ____________________
>>> list1[3]="1"
>>> list1                                          ____________________
>>> list1.pop( )                                   ____________________
>>> list1                                          ____________________
>>> sdmz.extend(list1)
>>> sdmz                      ________________________________________
>>> list1.sort( )
>>> list1                                          ____________________
>>> list1.reverse( )
>>> list1                                          ____________________
```

```
>>> list1.count("c")                    ________________
>>> list1.clear( )
>>> list1                               ________________
```

（2）在 PyCharm 集成开发环境下输入以下内容，并在横线上填写程序执行后的输出结果。

```
list1=[ ]
n=eval(input(" 请输入需要排序的个数："))
for i in range(n):
    x=eval(input(" 请输入一个数："))
    list1.append(x)
list1.sort(reverse=True)
for a in list1:
    print(a,end=" ")
```

在程序运行时输入需要排序的个数为 4，然后输入 4 个数：8、12、4、14，执行后的输出结果为________________。

2. 认识元组

在 Python 交互模式下输入以下内容，并在横线上填写输出的内容。

```
>>> tuple1=(1,2,3)
>>> tuple1                              ________________
>>> tuple1.index(2)                     ________________
>>> tuple2=(7,8,9)
>>> tuple3=tuple1+tuple2
>>> tuple3                              ________________
>>> len(tuple3)                         ________________
>>> max(tuple3)                         ________________
>>> sum(tuple3)                         ________________
>>> min(tuple3)                         ________________
```

3. 认识集合

（1）在 Python 交互模式下输入以下内容，并在横线上填写输出的内容。

```
>>> fruit1={" 苹果 "," 香蕉 "," 桃子 "," 橘子 "," 菠萝 "}
```

```
>>> fruit2={" 香蕉 "," 橙子 "," 葡萄 "}
>>> fruit1 | fruit2                          ____________________
>>> fruit1 & fruit2                          ____________________
>>> fruit1-fruit2                            ____________________
>>> fruit1^fruit2                            ____________________
>>> fruit1>=fruit2                           ____________________
```

（2）在 PyCharm 集成开发环境下输入以下内容，并在横线上填写程序执行后的输出结果。

```
import random
s=set( )
n=int(input(" 请输入产生随机数的个数："))
for i in range(n):
    x=random.randint(1,10)
    s.add(x)
for a in s:
    print(a,end=" ")
```

在程序运行时输入 10，假设产生的随机数为 2、5、6、3、2、8、7、1、3、5，则程序执行后的输出结果为____________________。

4. 认识字典

（1）在 Python 交互模式下输入以下内容，并在横线上填写输出的内容。

```
>>> identity={" 姓名 ":" 李北 "," 身份证号 ":"110482201203031512"," 年龄 ":11}
>>> identity.get(" 姓名 ")                        ______________
>>> identity[" 姓名 "]=" 张南 "
>>> identity.get(" 姓名 ")                        ______________
>>> identity[" 电话 "]=13810101010
>>> identity                          ________________________________
>>> del identity[" 年龄 "]
>>> identity                          ________________________________
>>> identity.popitem( )                           ______________
```

（2）在 PyCharm 集成开发环境下输入以下内容，并在横线上填写程序执行后的输出结果。

```
import random
d={}
n=int(input(" 请输入生成的卡号个数："))
for i in range(1,n+1):
    number1="2023" + "{:03d}".format(i)             # 卡号
    d[number1]=random.randint(100000,999999)   # 初始密码为 6 位数
print(" 卡号    初始密码 ")
for keys in d:
    print(keys,d[keys])
```

在程序运行时输入 5，假设产生的密码分别为 123626、956241、658214、652562、356425，则程序执行后的输出结果为________________________

____

____

____

____

________________________。

五、实训实施

1. 编写程序代码

根据实训描述要求，在 PyCharm 集成开发环境的代码区域中输入以下代码，并在理解下列代码意义的基础上，在横线上将代码补充完整。

```
# 简单车票订票程序
# 座位初始化
seat1={"01A":" 有票 ","01B":" 有票 ","01C":" 有票 "}              # 字典
seat2={"02A":" 有票 ","02B":" 有票 ","02C":" 有票 "}
________________________________________________
seat4={"04A":" 有票 ","04B":" 有票 ","04C":" 有票 "}
list=[seat1,seat2,______,seat4]                                   # 列表
while ______:                                                     # 订票开始
```

```
print("----- 简单车票订票程序 -----")
 for a in list:                              # 遍历座位并输出，行的控制
     for key in a:                           # 列的控制
         print(key, a[key], end=" ")
     print( )                                # 换行
print("----- 简单车票订票程序 -----")
seat=input(" 请输入座位号（如 01A，若输入 q 退出）：").upper( )
if ____________:                             # 若输入座位号为 q，则退出程序
     exit(0)                                 # 退出程序
else:
                                             # 遍历座位并输出，行的控制
     ______________
        for key in a:
            if key==seat:                    # 判断输入的座位号是否已经出售
                if a[key]==" 已售 ":
                    print(" 您输入的座位号已出售，请重新输入！！！ ")
                else:
                    a[key]=" 已售 "           # 键值为已售
                    print(" 您已订购成功，您的座位号：", seat)
                    break
```

2. 运行与调试程序

运行并修改代码，排除出现的错误，并在综合实训表 4-1 中做好记录。

综合实训表 4-1　运行与修改记录

序号	输入内容	输出结果	是否出错	错误原因	处理方法

六、实训评价

本实训完成后，学生展示实训实施成果，讲述或介绍在完成实训过程中的心得体会。从职业素养、专业能力、工作成果等方面对该学生进行评价，采用自我评价、小组评价、教师评价相结合的多元评价方式，填写综合实训表 4–2。

综合实训表 4–2　实训评价

序号	评价内容	配分 / 分	评价分数		
			自我评价（占比 30%）	小组评价（占比 30%）	教师评价（占比 40%）
1	能创建及操作列表	20			
2	能创建及操作元组	20			
3	能创建及操作集合	20			
4	能创建及操作字典	20			
5	能使用 PyCharm 集成开发环境设计简单车票订票程序	20			
学生姓名			综合评分		

第五章　函数与模块

第一节　函数定义与调用

一、填空题

1. Python 中自定义函数使用关键字______。

2. 函数可以有多个参数，参数之间使用______分隔。

3. 函数通过__________语句将函数值返回给调用方。

二、选择题

1. 下列关于函数的介绍与特点的说法中，错误的是（　　）。

A. 函数是组织好、可以重复使用、实现某一功能的代码段

B. 函数能提高代码的重复利用率，也方便后期维护

C. 在 Python 中提供了许多内置函数，用户也可以根据需要自定义函数

D. 当函数执行到 return 语句时，函数会继续执行函数体中的语句并将结果返回

2. 下列关于函数的说法中，正确的是（　　）。

A. 函数的定义必须在程序的开头

B. 函数定义后，其中的程序就可以自动执行

C. 函数定义后需要调用才会执行

D. 函数体与关键字 def 必须左对齐

3. 可使用关键字（　　）创建自定义函数。

A. function　　B. func　　C. def　　D. procedure

4. 可使用关键字（　　）声明匿名函数。

A. function　　B. func　　C. def　　D. lambda

三、判断题

1. 函数的名称可以随意命名。　　（　　）

2. 不带 return 语句的函数的返回值为 None。 (　　)

3. 函数中的 return 语句一定能执行。 (　　)

4. 函数定义完成后，系统会自动执行其内部的功能。 (　　)

5. 函数体以冒号开始，并且是缩进格式的。 (　　)

四、名词解释

1. 函数

2. 函数的调用

五、程序设计题

已知五角数被定义为 n(3n–1)/2，其中 n 为正整数，表示五角数的顶点的个数，这里 n 分别为 1、5、12、22 等，如图 5–1–1 所示。通过编写程序，实现如下要求。

1. 输入一个五角数的顶点的个数 n。

2. 定义一个函数，输出 n 对应的五角数的值。

程序运行结果如图 5–1–2 所示。

图 5–1–1　五角数

```
输入第n个五角数的n值：5
五角数的值： 35.0
```

图 5–1–2　程序运行结果

第二节　函数参数

一、填空题

1. 函数的参数有多种类型，可分为__________、__________、__________和__________。

2. 在定义函数时，可以给参数赋一个默认值。调用函数时，如果没有给这个参数传递值，将使用________。

3. 关键字参数在调用函数时使用______________的形式进行传递。

二、选择题

1. 在 Python 中定义函数时默认参数的语法为（　　）。

A. 参数名　　B. 参数名=默认值

C. 参数名 : 默认值　　D. 默认值

2. 在 Python 中，函数调用方式正确的是（　　）。

A. func(a=1, b=2)　　B. func(a=1, b:int=2)

C. func(a, b=2)　　D. func(a=1, b)

3. 下列选项中，有关位置参数的说法正确的是（　　）。

A. 在调用函数时，若没有为参数传值，会自动选用默认值

B. 在调用函数时，实参的顺序与形参的顺序可以不一致

C. 在调用函数时，传递的实参必须与函数定义的形参一一对应

D. 在调用函数时，采用“形参名 = 实参值”的方式，无须考虑函数定义中参数的位置顺序

4. 下列选项中，关于函数参数的描述错误的是（　　）。

A. 默认参数可以在定义时指定默认值

B. 不定长参数可以接受任意数量的位置参数或关键字参数

C. 关键字参数必须在使用时明确指定参数名

D. 位置参数可以出现在默认参数之后

5. result=Sum(num1, num2, num3) 调用使用的参数传递方式为（　　）。

A. 位置绑定　　　　B. 关键字绑定

C. 变量类型绑定　　　　D. 变量名称绑定

三、判断题

1. 不定长参数必须使用星号“*”或双星号“**”作为前缀。（　　）
2. 位置参数和关键字参数可以混合使用。（　　）
3. 函数定义时可以重复使用相同的参数名。（　　）
4. 关键字参数只能使用等号“=”赋值。（　　）
5. 不定长参数可以接收任意数量的位置参数或关键字参数。（　　）

四、名词解释

1. 默认参数

2. 位置参数

五、程序设计题

1. 通过编写程序，使用函数对列表 [1,2,3,4] 中的元素进行平方运算，将运算结果保存到新列表中并输出。在编写程序时要求使用不定长参数。程序运行结果如图 5-2-1 所示。

```
[1, 4, 9, 16]
```

图 5-2-1　程序运行结果

2. 通过编写程序，使用函数根据输入的年份和月份返回该月份有多少天。在编写程序时要求使用关键字参数。程序运行结果如图 5-2-2 所示。

```
输入年份：2024
输入月份：2
共有 29 天
```

图 5-2-2　程序运行结果

第三节　函数变量作用域

一、填空题

1. 在 Python 中，根据作用范围可将变量分为__________和__________两种类型。

2. 函数内部使用关键字__________声明的变量，称为全局变量。

3. 在 Python 中，当函数内部使用一个未声明的变量时，首先查找______作用域。

4. 判断某个字符是否为字母的函数为___________。

5. 全局变量的作用域是___________________________。

二、选择题

1. 在 Python 中，如果要在函数内部修改全局变量的值，应在函数内部使用关键字（　　）。

A. local　　B. global　　C. change　　D. public

2. 下面程序的运行结果为（　　）。

```
a=10
def setNumber():
    a=100
setNumber()
print(a)
```

A. 10　　B. 100　　C. 10100　　D. 10010

3. 在 Python 中，变量的作用域分为（　　）两种。

A. 全局作用域和局部作用域　　B. 内置作用域和用户定义作用域

C. 内部作用域和全局作用域　　D. 内部作用域和外部作用域

4. 在 Python 中，在一个函数内部调用另一个函数可使用（　　）。

A. 关键字 global　　B. 关键字 nonlocal

C. 函数名　　D. 关键字 import

5. 如果一个变量只在函数内部声明且没有使用关键字 global，那么这个变量的作用域属于（　　）。

A. 全局　　B. 局部　　C. 嵌套　　D. 闭包

三、判断题

1. 在 Python 中，函数内部的变量默认作用域是全局的。（　　）

2. 不同作用域中的同名变量之间互相不会影响，也就是说，在不同的作用域内可以定义同名的变量。（　　）

3. 函数内部定义的局部变量在函数调用结束后被自动删除。（　　）

4. 不能在函数内部定义全局变量。 ( )

5. 在函数内部，如果一个变量使用关键字 global 声明，那么它的作用域就是全局的。 ( )

四、程序设计题

通过编写程序，在函数内部使用全局变量统计 10 个大小为 10 ~ 99 的两位随机整数列表中奇数和偶数的个数，并在函数外部输出结果。程序运行结果如图 5-3-1 所示。

```
[24, 54, 62, 26, 70, 31, 85, 86, 79, 78]
奇数个数: 3
偶数个数: 7
```

图 5-3-1 程序运行结果

实训九 设计加密与解密数据程序

一、填空题

1. 已知函数定义语句：def func(*p):return sum(p)，那么表达式 func(1,2,3) 的值为__________。
2. 已知 f=lambda x:5，那么表达式 f(3) 的值为__________。
3. Python 中的函数可以有多个返回值，这些返回值用______分隔。
4. 在 Python 中，__________是在函数内部定义的变量，其作用域仅限于函数内部。

二、选择题

1. 下列选项中，(　　) 不是函数的作用。

A. 提高代码执行速度　　B. 增强代码可读性

C. 降低编程复杂度　　D. 复用代码

2. 执行下列代码后的结果为 (　　)。

```
x=1
def change(a):
    x+=1
    print (x)
change(x)
```

A. 1　　B. 2　　C. 3　　D. 报错

3. 若函数中没有 return 语句或者 return 语句不带任何返回值，则返回 (　　)。

A. 0　　B. 错误，不能运行

C. 空字符串　　D. None

三、判断题

1. 在调用函数时，在实参前面加一个星号“*”表示序列解包。(　　)
2. 在定义函数时，即使函数不需要接收任何参数，也必须保留一对空的括号来表示这是一个函数。(　　)
3. 在 Python 中，全局变量的作用域仅限于函数外部。(　　)

4. 在 Python 中，lambda 函数是一种特殊的函数，可以用来创建匿名函数。　（　　）
5. 在定义 Python 函数时，必须指定函数返回值类型。　（　　）

四、程序设计题

如果一个字符串从前往后读和从后往前读是一样的，那么这个字符串就是一个回文串。通过编写程序设计一个函数，用于判断输入的字符串是否为回文串，同时编写测试代码对回文串进行检验。程序运行结果如实训图 9-1 所示（提示：使用切片函数，注意列表索引的使用）。

```
请输入一个字符串:123321
123321是回文串!
```

实训图 9-1　程序运行结果

第四节　数学函数

一、填空题

1. Python 标准库 math 中计算平方根的函数为__________。
2. 表达式 sum(range(10)) 的值为__________。

3. 已知列表 x=[1.0,2.0,3.0]，那么表达式 sum(x)/len(x) 的值为__________。

二、选择题

1. 在 Python 中，(　　) 函数返回指定数值的绝对值。

A. abs(x)　　B. max(x)　　C. min(x)　　D. math.sqrt(x)

2. 在 Python 中，(　　) 函数返回对指定数值进行四舍五入操作的结果。

A. math.log(x)　　B. math.round(x)

C. math.factorial(x)　　D. math.sqrt(x)

3. 在 Python 中，(　　) 函数返回给定序列中的最大数。

A. math.min(x)　　B. math.sum(x)

C. math.max(x)　　D. math.avg(x)

三、程序设计题

1. 通过编写程序，输出 3 的 0 ~ N 次方，其中 N 为非负整数，程序运行结果如图 5-4-1 所示。提示：可使用 pow( ) 函数来实现。

```
请输入数字N：3
3的0次方 = 1
3的1次方 = 3
3的2次方 = 9
3的3次方 = 27
```

图 5-4-1　程序运行结果

2. 通过编写程序，求 1!+2!+3!+⋯+10! 的和，程序运行结果如图 5-4-2 所示。

```
阶乘之和为： 4037913
```

图 5-4-2 程序运行结果

第五节 字符串函数

一、填空题

1. 已知 x,y=map(int,["1","2"])，那么表达式 x+y 的值为__________。

2. 已知列表 x=[1,3,1,2,1]，在执行语句 y=x.count(1) 之后，y 的值为__________。

3. 已知列表对象 x=["11", "2","3"]，则表达式 min(x) 的值为__________。

二、选择题

1. 执行下列程序后的输出结果为（　　）。

```
print(" love ".join(["Everyday","Yourself","Python",]))
```

A. Everyday love Yourself　　B. Everyday love Python

C. love Yourself love Python　　D. Everyday love Yourself love Python

2. 执行下列程序后的输出结果为（　　）。

```
str="Python"
P=str. find("h")
print(P)
```

A. 1　　B. 2　　C. 3　　D. 4

3. 字符串 s="I love Python"，执行下列程序后的输出结果为（　　）。

```
s="I love Python"
ls=s.split( )
ls.reverse( )
print(ls)
```

A. 'Python', 'love', 'I'　　B. Python love I

C. None　　D. ['Python', 'love', 'I']

4. 下列选项中，关于字符串函数的描述错误的是（　　）。

A. 使用 str.replace(x,y) 方法可以把字符串 str 中所有的子串 x 都替换为 y

B. 若把一个字符串 str 中所有的字符都变为大写，可以用 str.upper( )

C. 要获取字符串 str 中的长度，可以用字符串处理函数 str.len( )

D. 设 x="aa"，则执行 x*3 的结果为 "aaaaaa"

5. 设 str="python"，若把字符串 str 的第一个字母大写，其余字母保持为小写，则下列选项中正确的是（　　）。

A. print(str[0].upper( )+str[1:])　　B. print(str[1].upper( )+str[-1:1])

C. print(str[0].upper( )+str[1:-1])　　D. print(str[1].upper( )+str[2:])

三、判断题

1. 使用 Python 中的字符串函数 replace( ) 可以修改字符串中的某个或某些字符。（　　）

2. 如果需要连接大量字符串成为一个字符串，那么使用字符串对象的 join( ) 方法会比运算符“+”具有更高的效率。（　　）

3. 表达式 len("Python")==6 的值为 True。（　　）

四、程序设计题

通过编写程序，随机输入一个字符串，把该字符串从左侧起 10 个不重复的英文字母（不区分大小写）挑选出来。如果该字符串没有 10 个英文字母，则显示信息“not found”，程序运行结果如图 5-5-1 所示。

```
请输入一个字符串：the People's Republic of China
最左侧10个不重复的字母： thePolsRub
```

```
请输入一个字符串：October 1, 2024
not found
```

图 5-5-1　程序运行结果

第六节　列表函数

一、填空题

1. 已知 x=[3,7,5]，在执行语句 x.sort(reverse=True) 之后，x 的值为__________。
2. 已知 x=[1,2,3,2,3]，在执行语句 x.pop() 之后，x 的值为__________。
3. 已知 x=[1,2,3]，在执行语句 x.insert(1,4) 之后，x 的值为__________。
4. 在执行代码 x,y,z=sorted([1,3,2]) 之后，变量 y 的值为__________。

二、选择题

1. 执行下列程序后的输出结果为（　　）。

```
x=[90,87,93]
y=["zhang", "wang","zhao"]
print(list(zip(y,x)))
```

A. ('zhang', 90), ('wang', 87), ('zhao', 93)

B. [['zhang', 90], ['wang', 87], ['zhao', 93]]

C. ['zhang', 90], ['wang', 87], ['zhao', 93]

D. [('zhang', 90), ('wang', 87), ('zhao', 93)]

2. 执行下列程序后的输出结果为（　　）。

```
ls=list("the sky is blue")
a=ls.index("s")
print(a)
```

A. 4　　B. 5　　C. 10　　D. 9

3. 执行下列程序后的输出结果为（　　）。

```
x=["90","87","90"]
n=90
print(x.count(n))
```

A. 1　　B. 2　　C. 0　　D. None

4. 执行下列程序后的输出结果为（　　）。

```
dat=["1", "2", "3","4","5","6"]
for item in dat:
    if item=="3":
        dat.remove(item)
print(dat)
```

A. ['1', '2', '3' , '4' , '5' , '6']

B. ['2', '3', '4', '5', '6']

C. ['1', '2', '4', '5', '6']

D. ['1', '3', '4', '5' , '6']

5. 执行下列程序后的输出结果为（　　）。

```
ls=[ ]
def func(a,b):
    ls.append(b)
    return a * b
s=func("Hello! ",2)
print(s,ls)
```

A. 出错　　B. Hello!Hello!　　C. Hello!Hello! [2]　　D. Hello!Hello! [ ]

三、判断题

1. 列表对象的 append( ) 方法属于原值操作，用于在列表尾部追加元素。（　　）

2. 假设有非空列表 x，那么 x.append(3)、x=x+[3] 与 x.insert(0,3) 在执行时间上基本没有太大区别。（　　）

3. 假设 x 为列表对象，那么 x.pop( ) 和 x.pop(−1) 的作用相同。（　　）

4. 列表对象的排序方法 sort( ) 只能将元素按升序排列，不能降序排列。（　　）

5. 内置函数 len( ) 会返回指定序列的元素个数，适用于列表、元组、字符串、字典、集合以及 range、zip 等迭代对象。（　　）

6. 表达式 [ ]==None 的值为 True。（　　）

四、程序设计题

1. 通过编写程序，输出图 5-6-1 所示图形。

```
[1]
[1, 1]
[1, 2, 1]
[1, 3, 3, 1]
[1, 4, 6, 4, 1]
[1, 5, 10, 10, 5, 1]
[1, 6, 15, 20, 15, 6, 1]
[1, 7, 21, 35, 35, 21, 7, 1]
[1, 8, 28, 56, 70, 56, 28, 8, 1]
[1, 9, 36, 84, 126, 126, 84, 36, 9, 1]
```

图 5-6-1　程序运行结果

2. 通过编写程序，给定一个列表 [1, 2, 3, 4, 5, 2, 3, 6, 7, 8, 1]，找出其中的重复元素。程序运行结果如图 5-6-2 所示。

```
[1, 2, 3, 2, 3, 1]
```

图 5-6-2　程序运行结果

实训十　设计红包模拟程序

一、填空题

1. 已知 a=-2,b=10/3, 则 Python 表达式 round(b,1)+abs(a) 的值为__________。
2. eval("5-2") 的值为__________。
3. 自定义函数的函数块内容以__________起始，并缩进。

二、选择题

1. 在 Python 中，能实现列表元素的排序功能的函数为（　　）。

A. sort( )　　B. count( )　　C. reverse( )　　D. pop( )

2. 下列选项中，关于列表操作的描述错误的是（　　）。

A. 通过 append 方法可以向列表添加元素

B. 通过 extend 方法可以将另一个列表中的元素逐一添加到列表中

C. 通过 insert(index,object) 方法可以在指定位置 index 插入元素 object

D. 通过 add 方法可以向列表中添加元素

3. 执行语句 print(sum([1,2,3])) 的输出结果为（　　）。

A. 1,2,3　　B. 6　　C. 3　　D. 5

三、判断题

1. 表达式 min(12,4,7,9,5) 的值为 12。（　　）

2. 已知 str="This is Python"，则执行语句 print(str.count("i")) 的输出结果为 2。（　　）

3. 假设已导入 random 标准库，那么表达式 max([random.randint(1,10) for i in range(10)]) 的值一定为 10。（　　）

四、程序设计题

1. 通过编写程序，生成一个包含 20 个大小为 0~100 的随机整数的列表，对其中索引为偶数的元素进行降序排列，而索引为奇数的元素在列表中的位置保持不变。程序运行结果如实训图 10–1 所示。

```
产生的随机数： [73, 81, 44, 91, 64, 45, 42, 71, 2, 76, 7, 15, 25, 39, 77, 40, 17, 11, 93, 95]
经处理后的排序： [93, 81, 77, 91, 73, 45, 64, 71, 44, 76, 42, 15, 25, 39, 17, 40, 7, 11, 2, 95]
```

实训图 10–1　程序运行结果

2. 通过编写程序，设计猜数字游戏：系统随机产生一个大小为 1 ~ 10 的整数，用户猜测数字的大小，系统根据用户的猜测情况进行反馈，直至用户猜对为止，并统计用户猜测的次数。程序运行结果如实训图 10–2 所示。

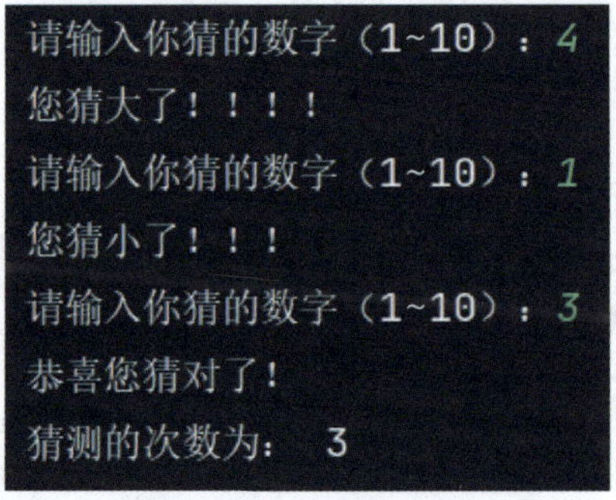

实训图 10-2　程序运行结果

第七节 模块与包

一、填空题

1. 在 random 模块中，__________函数的作用是生成随机浮点数。

2. 假设 math 标准库已导入，那么表达式 eval("math.sqrt(4) ") 的值为__________。

3. 导入模块的语句是_________。

4. 在 Python 标准库 math 中，用来计算某个数的绝对值的函数是_________。

5. 数 9.4 可以通过 math 模块中的函数__________取 9.4 的整数部分为 9，用__________取大于 9.4 的最小整数为 10。

二、选择题

1. 下列选项中，导入模块的方式错误的是（　　）。

A. import mo　　B. from mo import *

C. import mo as m　　D. import m from mo

2. 下列选项中，关于模块的说法中错误的是（　　）。

A. 一个 ××.py 就是一个模块

B. 任何一个普通的 ××.py 文件都可以作为模块导入

C. 模块文件的扩展名不一定是 .py

D. 程序运行时会从指定的目录搜索导入的模块，如果模块查找失败会报错

3.（　　）不可能是下列程序的输出结果。

```
from random import *
print(round(random( ),2))
```

A. 0.47　　B. 0.54　　C. 0.27　　D. 1.87

4. 下列选项中，关于 random 库的描述正确的是（　　）。

A. 表达式 random.choice([1,3,5]) 的值为 9

B. 通过 from random import * 引入 random 随机库的部分函数

C. uniform(0,1) 与 uniform(0.0,1.0) 的输出结果不同，前者输出随机整数，后者输出随机小数

D. randint(a,b) 可以生成一个 [a,b] 之间的整数

5. 下列选项中，关于 Python 内置库、标准库和第三方库的描述正确的是（　　）。

A. 第三方库需要单独安装才能使用

B. 内置库中的函数不需要 import 就可以调用

C. 标准库跟第三方库的发布方法不一样，它是跟 Python 安装包一起发布的

D. 第三方库有三种安装方式，最常用的是 pip 工具

三、判断题

1. 执行语句 from math import sin 之后，可以直接使用 sin( ) 函数，如 sin(3)。（　　）

2. Python 标准库包括函数、类、语言语法。（　　）

3. 使用 Python 标准库模块对象前，需要通过 import 语句导入该模块。（　　）

4. 在 Python 语言中，所有扩展名为 .py 的文件都可以称为模块文件。（　　）

四、程序设计题

1. 通过编写程序，判断一个数是否为素数，如果是则返回字符串“YES”，否则返回字符串“NO”。

2. 通过编写程序，验证哥德巴赫猜想：一个大于 6 的偶数可以表示为两个素数之和。程序运行结果如图 5-7-1 所示。

```
请输入一个数：4
输入的数不正确，请输入一个大于6的偶数：8
8 = 3 + 5
```

图 5-7-1　程序运行结果

实训十一　设计绘制一颗五角星程序

一、填空题

1. turtle 模块中用于画笔抬起的方法是__________。
2. turtle 模块中用于画笔落下的方法是__________。
3. forward(100) 表示前进__________的距离。
4. 设置线条颜色为绿色的代码为______________________________。
5. 在 turtle 模块中，turtle.screensize( ) 用来设置窗体的大小，其默认大小为_____________________。

二、选择题

1. 在 turtle 模块中，用于设置左转的方法为（　　）。

A. forward( )　　B. right( )　　C. left( )　　D. curve( )

2. 在 turtle 模块中，用于设置绘制速度的方法为（　　）。

A. circle( )　　B. speed( )　　C. round( )　　D. curve( )

3. 在 turtle 模块中，用于设置画笔粗细的方法为（　　）。

A. pensize( )　　B. pen( )　　C. begin_fill( )　　D. right( )

三、判断题

1. 使用 turtle 模块时，默认的绘制方向为前进方向。（　　）

2. turtle.speed( ) 命令用来设定画笔的运动速度，其参数为 0 ~ 10 的整数。（　　）

3. 可以使用 from math import ceil 语句导入 math 模块中的 ceil( ) 函数。（　　）

四、程序设计题

1. 通过编写程序，调用 turtle 模块，绘制实训图 11–1 所示奥运五环图形，程序运行结果如实训图 11–1 所示。

实训图 11–1　程序运行结果

操作要求如下。

（1）新建一个 Python 文件。

（2）导入 turtle 模块，设置窗体的大小为 400 × 200，其余参数按照默认设置。

（3）通过设计算法，分别在 (–60,0)、(0,0)、(60,0)、(30,–30) 和 (–30,–30) 位置画五个不同颜色的圆，设置圆的半径都为 30，颜色分别为蓝色、黑色、红色、绿色和黄色，设置画笔的粗细为 5。提示：可使用画圆函数 circle( ) 来实现。

（4）使用小海龟绘图后隐藏小海龟，并保存文件。

2. 通过编写程序，调用 turtle 模块，用小海龟在蓝色画布上画出五个彩色同心圆，程序运行结果如实训图 11-2 所示。

实训图 11-2　程序运行结果

操作要求如下。

（1）新建一个 Python 文件。

（2）导入 turtle 模块，设置窗体大小为 400×400、背景色为蓝色。

（3）设置画笔速度为 10、画笔宽度为 10。

（4）定义一个列表，内有红、紫、黄、绿、白五种颜色的颜色字符常量。

（5）画出彩色同心圆，从内到外各圆的半径依次为 30、60、90、120 和 150，每个圆环之间的间距为 30。

（6）使用小海龟绘图后隐藏小海龟，并保存文件。

综合实训五 设计加减计算自动出题程序

一、实训目的

1. 理解函数的概念及作用。
2. 掌握函数的定义方法和调用方式。
3. 理解参数的传递方式。
4. 理解变量的作用域。
5. 能使用常用函数。
6. 能调用模块。

二、实训描述

使用 PyCharm 集成开发环境设计加减计算自动出题程序，实现 n 以内的加减法随机出题并自动检测正误。要求分别定义题目创建函数和检查答案函数。程序运行过程如综合实训图 5–1 所示。

```
请输入n值（n以内的加减法）：20
是否开始测试？（1代表开始，其他数字代表结束）：1
18 + 16 =34
回答正确
是否继续测试？（1代表继续，其他数字代表结束）：1
3 - 16 =-13
回答正确
是否继续测试？（1代表继续，其他数字代表结束）：1
19 + 14 =21
回答错误，正确答案是：33
是否继续测试？（1代表继续，其他数字代表结束）：0
测试结束！
```

综合实训图 5-1　程序运行过程

三、实训环境配置

1. Windows 10 操作系统。
2. Python 开发环境。
3. PyCharm 集成开发环境。

四、实训准备

1. 定义与调用函数

（1）在 PyCharm 集成开发环境下输入以下内容，并在横线上填写程序执行后的输出结果。

```
def average(x=0,y=0):
    return ((x+y)/2)
print(average(x=3,y=5))
```

程序执行后的输出结果为________________。

（2）在 PyCharm 集成开发环境下输入以下内容，并在横线上填写程序执行后的输出结果。

```
def fum(n):
    return n**2,n**3,n**4
```

```
n=int(input(" 输入一个整数："))
print(fum(n))
a,b,c=fum(n)
print(a,b,c)
```

在程序运行时输入 2，则程序执行后的输出结果为____________

____________。

2. 认识函数参数

（1）在 PyCharm 集成开发环境下输入以下内容，并在横线上填写程序执行后的输出结果。

```
def minValue(x,y):
    if x>y:
        return y
    else:
        return x
x=eval(input(" 请输入第一个数："))
y=eval(input(" 请输入第二个数："))
print(minValue(x,y))
```

在程序运行时输入 2 和 4，则程序执行后的输出结果为____________。

（2）在 PyCharm 集成开发环境下输入以下内容，并在横线上填写程序执行后的输出结果。

```
def average(a=0,b=0,c=0):
    return ((a+b+c)/3)
print(average(a=2,b=3,c=4))
print(average(6))
print(average(6,3))
```

程序执行后的输出结果为__________________

____

__________________。

（3）在 PyCharm 集成开发环境下输入以下内容，并在横线上填写程序执行后的输出结果。

```
def func(x,y,z):
    return x+y+z
```

```
print(func(*[2,3,4]))
print(func(*{2,3,4}))
print(func(*{"a":2,"b":3,"c":4}))
print(func(*{"a":2,"b":3,"c":4}.values( )))
print(func(*range(2,5)))
```

程序执行后的输出结果为________________

____

____

____

________________。

3. 认识变量作用域

（1）在 PyCharm 集成开发环境下输入以下内容，并在横线上填写程序执行后的输出结果。

```
a = 10
def func(x,y):
    a=x-y
    print(" 函数调用中 a=",a)
print(" 函数调用前 a=",a)
func(5,3)
print(" 函数调用后 a=",a)
```

程序执行后的输出结果为________________

____

________________。

（2）在 PyCharm 集成开发环境下输入以下内容，并在横线上填写程序执行后的输出结果。

```
a=10
def func(x,y):
    global a
    a=x-y
    print(" 函数调用中 a=",a)
print(" 函数调用前 a=",a)
```

```
func(5,3)
print(" 函数调用后 a=",a)
```

程序执行后的输出结果为__________________

____

__________________。

4. 认识数学函数

在 Python 交互模式下输入以下内容，并在横线上填写输出的内容。

```
>>> abs(-6)                         ____________________
>>> max([2,6,3,9])                  ____________________
>>> min((2,6,3,9))                  ____________________
>>> import math
>>> math.sqrt(9)                    ____________________
>>> pow(2,3)                        ____________________
>>> sum([2,3,4])                    ____________________
>>> round(1.356,2)                  ____________________
```

5. 认识字符串函数

在 Python 交互模式下输入以下内容，并在横线上填写输出的内容。

```
>>> min("abc")                      ____________________
>>> max("abc")                      ____________________
>>> len("abcd")                     ____________________
>>> str="apple"
>>> str.count("p")                  ____________________
>>> str.find("p")                   ____________________
>>> str.replace("a","A")            ____________________
>>> str.upper( )                    ____________________
>>> str.lower( )                    ____________________
>>> "*".join(str)                   ____________________
>>> str.split("l")                  ____________________
>>> str.strip("a")                  ____________________
```

6. 认识列表函数

在 Python 交互模式下输入以下内容，并在横线上填写输出的内容。

```
>>> list1=["China","England","France"]
>>> str="Japan"
>>> len(list1)                          ____________________
>>> list1.append(str)
>>> list1                               ____________________
>>> list1.insert(1,str)
>>> list1                               ____________________
>>> list1.pop( )                        ____________________
>>> list1.remove(str)
>>> list1                               ____________________
>>> list1.count("France")               ____________________
>>> list1.sort( )
>>> list1                               ____________________
>>> list1.extend(str)
>>> list1                               ____________________
>>> list1.index("China")                ____________________
```

五、实训实施

1. 编写程序代码

根据实训描述要求，在 PyCharm 集成开发环境的代码区域输入以下代码，并在理解下列代码意义的基础上，在横线上将代码补充完整。

```
# 加减计算自动出题程序
import random                           # 导入产生随机数模块
# 定义函数，随机生成 n 以内的加减法题
def createQ(n):
    a=random.randint(1,n)               # 产生一个随机整数
    ____________________                # 产生一个随机整数
```

```
    type=random.randint(1,2)                  # 产生一个随机整数，用于加、减运算
    if type==1:                               # 加法运算
    ______________________
        return "{0}+{1}=".format(a,b),c
    ______________________                    # 减法运算
        c=a-b
        return "{0}-{1}=".format(a,b),c
# 定义函数，以判断答案是否正确
def checkA(rightA,userA):
    if userA==rightA:                         # 判断答案是否正确
        return " 回答正确 "
    ______________________
        return " 回答错误，正确答案是：{}".format(rightA)
# 主程序
n=int(input(" 请输入 n 值（n 以内的加减法）："))
s=int(input(" 是否开始测试？（1 代表开始，其他数字代表结束）："))
while s==1:                                   # 若输入值不为 1，则一直处于运算状态
    question,rightAnswer=createQ(n)           # 调用模块，并返回题目和正确答案
    userAnswer=int(input(question))           # 输入答题的答案
    print(checkA(rightAnswer,userAnswer))     # 调用模块并输出结果
    ____________________________________________
else:
    print(" 测试结束！")
```

2. 运行与调试程序

运行并修改代码，排除出现的错误，并在综合实训表 5-1 中做好记录。

综合实训表 5-1　运行与修改记录

序号	输入内容	输出结果	是否出错	错误原因	处理方法

六、实训评价

本实训完成后，学生展示实训实施成果，讲述或介绍在完成实训过程中的心得体会。从职业素养、专业能力、工作成果等方面对该学生进行评价，采用自我评价、小组评价、教师评价相结合的多元评价方式，填写综合实训表 5-2。

综合实训表 5-2　实训评价

<table>
<tr><th rowspan="2">序号</th><th rowspan="2">评价内容</th><th rowspan="2">配分 / 分</th><th colspan="3">评价分数</th></tr>
<tr><th>自我评价（占比 30%）</th><th>小组评价（占比 30%）</th><th>教师评价（占比 40%）</th></tr>
<tr><td>1</td><td>能定义函数</td><td>10</td><td></td><td></td><td></td></tr>
<tr><td>2</td><td>能调用函数</td><td>5</td><td></td><td></td><td></td></tr>
<tr><td>3</td><td>能理解函数参数的传递方式</td><td>15</td><td></td><td></td><td></td></tr>
<tr><td>4</td><td>能理解变量的作用域范围</td><td>20</td><td></td><td></td><td></td></tr>
<tr><td>5</td><td>能使用数学函数</td><td>10</td><td></td><td></td><td></td></tr>
<tr><td>6</td><td>能使用字符串函数</td><td>10</td><td></td><td></td><td></td></tr>
<tr><td>7</td><td>能使用列表函数</td><td>10</td><td></td><td></td><td></td></tr>
<tr><td>8</td><td>能使用 PyCharm 集成开发环境设计加减计算自动出题程序</td><td>20</td><td></td><td></td><td></td></tr>
<tr><td colspan="2">学生姓名</td><td></td><td colspan="2">综合评分</td><td></td></tr>
</table>

第六章　正则表达式

第一节　正则表达式语法与方法

一、填空题

1. 正则表达式是由________和________组成的小型而高度专业化的文本模式。

2. 假设正则表达式模块 re 已导入，则表达式 re.sub("\d+","1","a12345bbbb67c890d0e") 的值为________。

3. 假设正则表达式 re 模块已导入，那么表达式 re.findall("\d","33abcd112") 的值为________________。

4. 正则表达式元字符____用来表示该符号前面的字符或子模式 0 次或多次出现。

二、选择题

1. 正则表达式的作用是（　　）。

A. 匹配字符串　　B. 替换字符串　　C. 查找字符串　　D. 以上选项都对

2. 在正则表达式中，元字符（　　）用来表示单个字符。

A. *　　B. .　　C. +　　D. ?

3. 下列（　　）函数用来返回所有匹配的字符串列表。

A. re.Match　　B. re.search　　C. re.findall　　D. re.finditer

三、判断题

1. 使用正则表达式分割字符串时，可以指定多个分隔符，而字符串对象的 split( ) 方法无法做到这一点。（　　）

2. 正则表达式元字符“^”一般用来表示从字符串开始处进行匹配，用在一对方括号中的时候则表示反向匹配，不匹配方括号中的字符。（　　）

3. 正则表达式元字符“\S”用来匹配任意空白字符。（　　）

4. 正则表达式元字符“?”用来匹配位于？之后的 0 个或 1 个字符。（　　）

5. 正则表达式 [abc] 可以匹配 [ ] 内的任意字符。　（　）

四、名词解释

1. 正则表达式

2. 普通字符

3. 元字符

五、程序设计题

1. 使用正则表达式编写程序，判断一个字符串是否为 IP 地址。规则如下：一个 IP 地址由 4 个数字组成，每个数字之间用“.”连接，数字的范围为 0 ~ 255。例如，255.189.10.37 为正确的 IP 地址，而 256.189.10.37 为错误的 IP 地址。

2. 通过编写程序，计算一个字符串中所有数字的和（数字相邻的作为一个数），程序运行结果如图 6-1-1 所示。

```
请输入一个字符串：fan12jvn 2mfa 3mdn4
字符串中的数字和：12+2+3+4=21.0
```

图 6-1-1 程序运行结果

实训十二　设计简易爬虫程序

一、填空题

1. 第三方库 requests 模块主要通过 requests.get( ) 向某一网站获取请求，其返回__________对象。

2. response 对象有四个常用的方法，分别为 status_code、_____________、apparent_encoding 和_________。

二、选择题

1. 下列选项中，不是正则表达式 re 模块常用方法的是（　　）。

A. search( )　　B. match( )　　C. find( )　　D. findall( )

2. 用来匹配除换行符以外的任意单个字符的是（　　）。

A. *　　B. .　　C. +　　D. ?

3. 正则表达式中表示匹配任意数字的是（　　）。

A. \d　　B. \w　　C. \s　　D. \D

三、程序设计题

通过编写程序，获取某网站中所有的 QQ 群号，例如，获取网站 https://www.yiibai.com/python3 中的 QQ 群号。

第二节　正则表达式对象

一、填空题

1. 正则表达式模块 re 的__________方法用来将正则表达式编译生成为一个正则表达式对象。

2. 正则表达式模块 re 的__________方法用来在字符串开始处进行指定模式的匹配。

3. 在 Match 对象的常用方法中，__________方法的功能为获取表示匹配对象位置的元组。

二、选择题

1. (　　) 用来返回一个匹配的对象。

A. re.split　　B. re.search　　C. re.findall　　D. re.finditer

2. 执行下列程序后，得到的输出结果是 (　　)。

```
import re
p=re.compile(r"\bb\w*\b")
str="Boys may be able to get a better idea."
print(p.sub("**",str,1))
```

A. ** may be able to get a better idea.

B. Boys may be able to get a ** idea.

C. Boys may ** able to get a better idea.

D. Boys may ** able to get a ** idea.

3. (　　) 是 Match 对象的方法 group(1) 的返回值。

A. 匹配到的整个字符串　　B. 匹配到的第一个分组

C. 匹配到的最后一个分组　　D. 匹配到的所有分组

三、判断题

1. 正则表达式 "^\d{18}|\d{15}$" 能够判定一串数字是否为合法的身份证号码。(　　)

2. 正则表达式 "[^abc]" 可以匹配除 'a'、'b'、'c' 之外的任意字符。(　　)

四、程序设计题

通过编写程序，输出一个句子中的所有单词，例如，输出句子 "I am a boy! You are a girl! " 中的单词：I am a boy you are a girl。

实训十三 设计验证密码复杂度程序

一、填空题

1. 已知 x="a234b123c"，并且正则表达式 re 模块已导入，则表达式 re.split("\d+", x) 的值为______________。

2. re.sub("hard","easy","Python is hard to learn.") 的值为______________________。

3. 下列程序执行后，得到的输出结果为________________。

```
import re
str="An elite university devoted to computer software"
print(re.findall(r"\b[aeiouAEIOU]\w+?\b",str))
```

二、选择题

1. (　　) 可以匹配一个单词的开头或结尾的正则表达式常用元字符。

A. ^和 $　　B. * 和 ?　　C. [ ] 和 {}　　D. ? 和 $

2. 假设需匹配一个包含数字的字符串，该字符串以字母开头，后跟 2~4 个数字，下列选项中（　　）可以表示该正则表达式。

A. ^[a-zA-Z]\d{2,4}$　　B. ^[0-9]\w{2-4}$

C. ^\d{2,4}$[a-zA-Z]　　D. ^\d{2-4}{a-zA-Z}$

3. 正则表达式对象的 split( ) 方法的作用是（　　）。

A. 将字符串按指定的模式拆分为列表

B. 替换字符串中匹配到的部分

C. 返回匹配到的所有位置的迭代器

D. 返回匹配到的第一个子组的迭代器

三、程序设计题

通过编写程序，使用正则表达式查找出一个字符串中的电话号码，规则如下：电话号码有两种，一种是前三位（域名）+ 后八位，另一种是前四位（域名）+ 后八位。例如，字符串 “dsadsadgs137-32576731” 中的电话号码为第一种，字符串 “adads0571-10030101dZDxz” 中的电话号码为第二种。程序运行结果如实训图 13-1 所示。

```
['137-32576731', '0571-10030101']
```

实训图 13-1　程序运行结果

综合实训六　设计蓝山会员注册程序

一、实训目的

1. 理解正则表达式的语法。
2. 理解正则表达式的常用方法。
3. 能引用 re 和 requests 模块。
4. 能运用 match( )、compile( )、split( ) 方法等解决实际问题。

二、实训描述

使用 PyCharm 集成开发环境编写蓝山会员注册程序，通过输入用户名和密码实现会员注册。要求输入的用户名长度至少为 6 位，且以字母开头，后面可以跟字母或数字。要求两次输入的密码一致，且密码长度至少为 8 位，包含大写字母、小写字母、数字和特殊符号。若密码输入错误，需要重新输入，直到输入正确为止。程序运行过程如综合实训图 6-1 所示。

```
----蓝山会员注册程序----
请输入您的用户名（用户名长度至少为6位，且以字母开头，后面跟字母或数字）：abc1234
请输入密码(密码长度至少为8位，包含大写字母、小写字母、数字和特殊符号):ab12!@AB
请再次输入密码(密码长度至少为8位，包含大写字母、小写字母、数字和特殊符号):ab12!@AB
ab12!@AB 密码格式正确.
abc1234 用户名格式正确。
注册成功，你的用户名为abc1234,密码为ab12!@AB
```

综合实训图 6-1　程序运行过程

三、实训环境配置

1. Windows 10 操作系统。
2. PyCharm 集成开发环境。

四、实训准备

1. 认识正则表达式语法与方法

（1）在 PyCharm 集成开发环境下输入以下内容，并在横线上填写程序执行后的输出结果。

```
import re
s="China is a country with a long history."
p="a"
r=re.finditer(p,s)
for i in r:
    print(i)
```

程序执行后的输出结果为________________________________

____

________________________________。

（2）在 PyCharm 集成开发环境下输入以下内容，并在横线上填写程序执行后的输出结果。

```
import re
s="China is a country with a long history."
p=r"\s([cl][a-zA-Z]*)"
r=re.findall(p,s)
for i in r:
    print(i,end=" ")
```

程序执行后的输出结果为________________。

（3）在 PyCharm 集成开发环境下输入以下内容，并在横线上填写程序执行后的输出结果。

```
import re
s="Long long ago there lived a king. He loved horses."
p=r"horses"
r=re.sub(p,"dogs",s)
print(r)
```

程序执行后的输出结果为____。

2. 认识正则表达式对象

（1）在 PyCharm 集成开发环境下输入以下内容，并在横线上填写程序执行后的输出结果。

```
import re
s=input(" 请输入一个用户名（由字母、数字和下画线组成）: ")
p="^\w+$"
r=re.match(p,s)
if r:
    print(" 用户名符合要求。")
else:
    print(" 用户名不符合要求。")
```

在程序运行时输入 abc_12，执行后的输出结果为________________。

在程序运行时输入 nail-2024，执行后的输出结果为__________________。

（2）在 PyCharm 集成开发环境下输入以下内容，并在横线上填写程序执行后的输出结果。

```
import re
s="""http://www.baidu.com/?id=35
http://youku.com/news_show.asp?id=14
http://taobao.com/?id=769
http://toutiao.com/?newsid=377&id=6"""
p=r"(http://.+?/).+"
print(re.sub(p,lambda x : x.group(1),s))
```

程序执行后的输出结果为________________________________

____

____

________________________________。

（3）在 PyCharm 集成开发环境下输入以下内容，并在横线上填写程序执行后的输出结果。

```
import re
s=input(" 请输入一句英文语句: ")
r=re.split(r"+",s)
for i in r:
```

```
    print(i,end="-")
```

在程序运行时输入“China is a country with a long history”，执行后的输出结果为____。

五、实训实施

1. 编写程序代码

根据实训描述要求，在 PyCharm 集成开发环境的代码区域中输入以下代码，并在理解下列代码意义的基础上，在横线上将代码补充完整。

```
# 蓝山会员注册程序
________________                                    # 导入 re 模块
print("---- 蓝山会员注册程序 ----")
while ______:
    user=input(" 请输入您的用户名（用户名长度至少为 6 位，且以字母开头，后面跟字母或数字）:")
    password1=input(" 请输入密码 ( 密码长度至少为 8 位，包含大写字母、小写字母、数字和特殊符号 ):")
    password2=__________________________________________
    # 密码强度要求：最少 8 位，包括至少 1 个大写字母、1 个小写字母、1 个数字和 1
    # 个特殊符号
    # 判断两次输入的密码是否一致
    if ____________________________:
        print(" 两次输入的密码不一致！请重新输入。")
        continue                                    # 结束本次循环
    #passwordp 为正则表达式
    passwordp=r".*(?=.{8,})(?=.*\d)(?=.*[A-Z])(?=.*[a-z])
    (?=.*[!@#$%^&*? ]).*$"                          # 本行接续上一行
    obj1=re.compile(passwordp)                      # 编译生成正则表达式对象
    r1=obj1.match(password1)                        # 利用 match( ) 方法匹配字符串
    if r1:                                          # 匹配成功
```

```
        ________________________________
    else:                                        # 匹配不成功
        print(password1," 密码不符合要求，请重新输入。")
        continue                                 # 结束本次循环
    #userp 为正则表达式
    userp=r"[a-zA-Z]+(?=.{5,})[a-zA-Z0-9]"
    obj2=re.compile(userp)
    r2=obj2.match(user)
    if r2:
        print(user," 用户名格式正确。")
        break                                    # 结束循环
    else:
        print(user," 用户名不符合要求，请重新输入。")
print(" 注册成功，你的用户名为 {0}, 密码为 {1}".format(user,password1))
```

2. 运行与调试程序

运行并修改代码，排除出现的错误，并在综合实训表 6-1 中做好记录。

综合实训表 6-1　运行与修改记录

序号	输入内容	输出结果	是否出错	错误原因	处理方法

六、实训评价

本实训完成后，学生展示实训实施成果，讲述或介绍在完成实训过程中的心得体会。从职业素养、专业能力、工作成果等方面对该学生进行评价，采用自我评价、小组评价、教师评价相结合的多元评价方式，填写综合实训表 6-2。

综合实训表 6–2　实训评价

<table>
<tr><th rowspan="2">序号</th><th rowspan="2">评价内容</th><th rowspan="2">配分 / 分</th><th colspan="3">评价分数</th></tr>
<tr><th>自我评价（占比 30%）</th><th>小组评价（占比 30%）</th><th>教师评价（占比 40%）</th></tr>
<tr><td>1</td><td>能理解正则表达式的语法</td><td>15</td><td></td><td></td><td></td></tr>
<tr><td>2</td><td>能掌握正则表达式的常用方法</td><td>25</td><td></td><td></td><td></td></tr>
<tr><td>3</td><td>能使用 match()、compile()、split() 方法匹配字符串</td><td>25</td><td></td><td></td><td></td></tr>
<tr><td>4</td><td>能使用 PyCharm 集成开发环境设计蓝山会员注册程序</td><td>35</td><td></td><td></td><td></td></tr>
<tr><td colspan="2">学生姓名</td><td></td><td colspan="2">综合评分</td><td></td></tr>
</table>

第七章　面向对象编程

第一节　面向对象基础

一、填空题

1. 对象是将________和________________封装在一起，作为一个相互依存的整体。

2. 对同类对象抽象出其共性，形成一种新的数据类型，称为______。

3. 类是用来描述具有相同的属性（数据）和行为（方法）的对象集合，______是类的实例。

4. ________允许把一个派生类的对象作为一个父类对象来对待。

5. 在类中定义的函数常被称为________。

二、选择题

1. 面向对象编程是一种通过（　　）将现实世界映射到计算机模型的编程方法。

A. 类　　B. 实例

C. 方法　　D. 对象

2. 下列选项中，可以作为一个独立的对象的是（　　）。

A. 车　　B. 水果

C. 飞机　　D. 以上选项都对

3. 对象是指（　　）。

A. 属性和行为的结合体　　B. 一个具体的物体

C. 某一具体事件　　D. 现实生活中的某一个具体物体或事件

4. 下列选项中，（　　）不属于 Python 中面向对象编程的特点。

A. 完全采用面向对象的思想，是一种高级动态编程语言

B. 代码结构复杂，重复编写多次，不够高效简洁

C. 支持封装、继承、多态、重载和重写

D. 一切内容都为对象，如字符串、列表、元组、数值等

三、判断题

1. 面向对象编程的核心是类。 ( )
2. 现实世界中任何事物都可以作为对象。 ( )
3. 对象与对象之间通过消息进行通信。 ( )
4. 类中的大多数数据可以使用其他类的方法进行处理。 ( )

四、名词解释

1. 面向对象编程

2. 实例化

第二节 类的定义与使用

一、填空题

1. ____是创建对象的基础，描述了所创建对象共有的数据和方法。
2. 定义类的关键字是__________。
3. 类的成员包括__________和__________。
4. 在使用实例时，____________用于传输实例对象，所有实例可以调用的属性，必须在 __init__ 中定义并初始化。
5. 所有类需要实例化才能使用，通过__________方法创建实例。

二、选择题

1. 类中定义的函数被称为（ ）。

A. 类　　B. 函数　　C. 方法　　D. 实例

2. 定义构造方法 __init__ 最简单的格式是（　　）。

A. def __init__()　　B. def __init__(self)

C. def __init__(self)　　D. __init__(self)

3. 类的实例化格式是（　　）。

A. 对象名 = 类名 ([参数 1, 参数 2,…])

B. 类名 = 对象名 ([参数 1, 参数 2,…])

C. 类名 ([参数 1, 参数 2,…])

D. 对象名 ([参数 1, 参数 2,…])

4. 访问某一对象属性的格式为（　　）。

A. 对象名 . 数据成员名　　B. 类名 . 数据成员名

C. 类名 . 对象名 . 数据成员名　　D. 对象名 . 类名 . 数据成员名

三、判断题

1. self 参数不是隐性传递的，其赋值过程需手动完成。（　　）

2. 当类定义完成后，就会自动创建一个实例。（　　）

3. self.a=a，在等号左边的 a 是类的数据变量，在等号右边的 a 是类的属性。（　　）

四、名词解释

1. 类

2. 构造方法 __init__

五、程序设计题

1. 定义一个汽车类 Car，数据成员有 make（品牌）、model（型号）和 year（生产年份），方法成员有 describecar()，用于输出汽车的所有信息。

2. 为第 1 题中定义的汽车类 Car 创建三个实例，并调用方法成员输出汽车的信息，汽车实例内容见表 7–2–1。

表 7–2–1　汽车实例内容

品牌	型号	生产年份
奥迪	A4	2024
理想	I7	2024
蔚来	ES6	2024

第三节 数据成员与方法成员

一、填空题

1. 在 Python 中，类的数据成员包括__________和__________。

2. 实例成员一般是在构造方法 __init__() 中定义的，定义和使用时必须以__________作为前缀。

3. 在主程序中，实例成员只能通过________访问。

4. Python 动态类型特点的重要体现是____________________________________。

5. 若修改类成员的值，只能通过____来修改。

6. 类中的方法成员可分为__________、__________和__________。

7. 在 Python 中，对数据成员和方法成员的访问权限有__________、__________和__________共三种。

二、选择题

1. 下列选项中，关于 Python 中类和对象的描述正确的是（　　）。

A. 类是对象的抽象，对象是类的实例

B. 类是对象的实例，对象是类的数据成员

C. 类是对象的数据成员，对象是类的实例

D. 类是对象的方法成员，对象是类的实例

2. 在 Python 中，常用的类的减运算专有方法为（　　）。

A. __add__　　B. __sub__　　C. __mul__　　D. __div__

3. 下列选项中，关于 Python 中类的方法成员和数据成员的描述正确的是（　　）。

A. 方法成员用于描述对象的属性，数据成员用于描述对象的行为

B. 方法成员用于描述对象的行为，数据成员用于描述对象的属性

C. 方法成员用于描述类，数据成员用于描述对象

D. 方法成员用于描述类，数据成员用于描述对象的属性

4. 在 Python 类中，（　　）是正确的数据成员访问方式。

A. self->var　　B. var()

C. self->self->var　　D. self.var

三、判断题

1. 在 Python 中，不允许动态地为类和对象增加成员。（　　）

2. 类成员是在类中所有方法之外定义的数据成员。（　　）

3. 类的所有方法都必须至少有一个名为 self 的参数，并且必须是方法的第一个参数。（　　）

4. 在类的实例方法中访问实例成员时，需以“self. 实例成员”形式访问，访问类成员时

需以“类名 . 类成员”形式访问。 (　　)

5. 定义实例成员方法时，第一个参数必须以“self”命名。 (　　)

6. 静态方法既可以通过“类名 . 方法名 ( )”形式访问，也可以通过“对象名 . 方法名 ( )”形式访问。 (　　)

7. 私有数据成员可以被定义外的类或对象访问。 (　　)

四、名词解释

1. 类成员

2. 实例成员

3. 实例方法

4. 类方法

五、程序设计题

1. 通过编写程序，定义一个小狗类，其中包含类成员 area=“china”，实例成员包含 name 和 age，定义一个类方法“describedog”描述与小狗相关的信息。生成小狗类的实例，并通过类修改成员值 area=“浙江”。程序运行结果如图 7-3-1 所示。

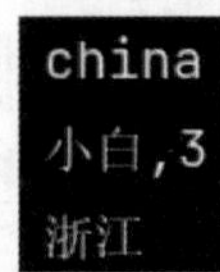

图 7-3-1　程序运行结果

2. 通过编写程序，在上一题中添加一个方法“dogPrice”，生成小狗类的实例，并分别通过类名和对象名调用方法 dogPrice。程序运行结果如图 7-3-2 所示。

```
请输入小狗的价格：100
小白的价格是100
请输入小狗的价格：50
小白的价格是50
```

图 7-3-2 程序运行结果

实训十四 设计学生成绩评价系统程序

一、填空题

1. 学生成绩评价系统中的 grade( ) 方法属于______方法。

2. 实现数据成员值的不断输入需要使用______循环。

3. 学生成绩评价系统中使用__________遍历列表。

二、程序设计题

通过编写程序，在电影评分程序中定义电影类，包含电影名（name）、评分（score）等成员信息，在类中定义一个方法 grade( ) 用于计算电影的评分等级：9 分以上为 A，6 ~ 9 分为 B，6 分以下为 C（输入分数可保留一位小数），以空行为标志结束输入，将类实例化一个对象 mov，将输入的信息添加到电影列表 movie[ ] 中，最后调用 grade( ) 方法输出电影相应的评分等级。程序运行结果如实训图 14-1 所示。

```
请输入电影名（以空行结束）：中国机长
请输入电影评分：9.5
请输入电影名（以空行结束）：长津湖
请输入电影评分：9.6
请输入电影名（以空行结束）：
中国机长 的评分等级为：A
长津湖 的评分等级为：A
```

实训图 14-1　程序运行结果

1. 写出类信息表。

2. 编写电影评分程序的代码。

第四节 类的继承

一、填空题

1. 利用现有类派生出新类的过程称为______。

2. 在类的继承中，新创建的类称为______或派生类，被继承的类称为______，也称基类。

3. 继承分为________和________。

4. 在 Python 中，继承的语法格式为____。

5. 在子类中调用父类的方法可通过内置方法____________或通过__________________方法实现。

二、选择题

1. 下列选项中，继承的语法格式正确的是（　　）。

A. 子类名(父类名)　　B. 父类名(子类名)

C. class 子类名(父类名)　　D. class 父类名(子类名)

2. 在多继承中，各父类名以符号（　　）隔开。

A. ,　　B. 、　　C. ;　　D. [ ]

3. 若子类中有与父类中相同名字的方法，则（　　）。

A. 子类和父类中两个方法均有效　　B. 子类中方法无效

C. 父类中方法无效　　D. 子类和父类中两个方法均无效

4. 若多个父类中有相同的方法名，而在子类中使用时没有指定父类名，则（　　）。

A. Python 解释器自动调用第一个父类中的该方法

B. 该方法调用失效

C. 程序运行报错

D. 在每个父类中该方法均调用一次

三、判断题

1. 继承的使用减少了代码的冗余度，大幅度减少了开发工作量。（　　）

2. 子类继承了父类的所有公有数据属性和方法。（　　）

3. 继承中只允许有一个父类。（　　）

4. 父类写在括号内，如果有多个父类，则需要全部写在括号内并用逗号“,”分隔。（　　）

四、名词解释

1. 继承

2. 继承的语法格式

五、程序设计题

通过编写程序，定义一个汽车类 Car，数据成员有 make、model 和 year，方法成员有 describecar( )，该方法的作用为输出汽车的所有信息。定义一个电动汽车类 ECar，继承 Car 类，调用 ECar 生成实例，并使用实例调用父类方法。程序运行结果如图 7-4-1 所示。

```
品牌：奥迪,车型：a4l,生产年份：2024
品牌：小米,车型：su7,生产年份：2024
```

图 7-4-1　程序运行结果

第五节 类的封装和多态

一、填空题

1. 在 Python 中，私有的类成员以__________开头，从而有利于保护内部实现细节，增强代码的安全性和可维护性。

2. 在 Python 中，通过继承机制可以实现多态性，子类可以继承父类的属性和方法，并且可以______父类的方法，从而实现多态。

3. 在 Python 中，一个子类可以具有与父类相同名称的方法，这种现象称为__________，当使用该方法时，会优先调用子类的方法。

二、选择题

1. 在 Python 中，类的封装主要通过定义（　　）实现。

A. 函数　　B. 属性

C. 变量　　D. 类

2. 在 Python 中，定义私有属性的方法为（　　）。

A. 使用关键字 private　　B. 使用关键字 public

C. 使用 __× ×__ 定义属性名　　D. 使用 __× × 定义属性名

3. 使用权限修饰符（　　）修饰类的成员变量和成员方法，可以被当前包中所有类访问，也可以被它的子类（同一个包及不同包中的子类）访问。

A. public　　B. protected

C. 默认　　D. private

三、判断题

1. 类的封装就是隐藏类的实现细节。（　　）
2. 在 Python 中，可以通过定义私有属性和方法来实现封装。（　　）
3. 多态是面向对象编程中的重要特征之一。（　　）
4. 在 Python 中，方法的重写是通过在子类中定义与父类同名的方法来实现的。（　　）
5. 在 Python 中，可以使用继承来实现多态。（　　）

四、名词解释

1. 类的封装

2. 类的多态

五、程序设计题

通过编写程序，设计一个简单的运算类，要求实现加、减、乘、除运算，并能根据输入的数值和运算符进行相应的运算。程序运行结果如图 7-5-1 所示。

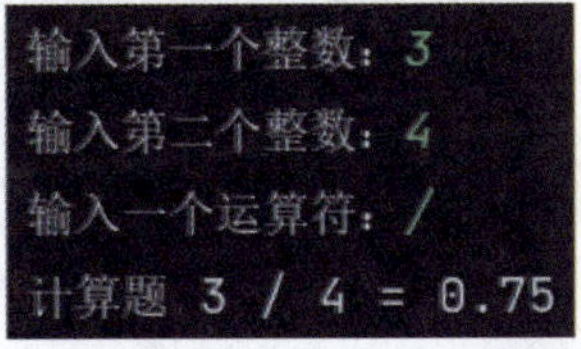

图 7-5-1　程序运行结果

实训十五 设计学生信息管理系统程序

一、填空题

1. __________函数通常是指在执行 Python 文件时首先被执行的函数。

2. __________函数表示将字符串居中，并在两边填充足够数量的指定字符（默认为空格），使字符串达到指定的宽度。

3. 如果需要提前终止 for 循环，可以在循环体中加入关键字__________。

二、判断题

1. 类信息表和程序流程图有助于程序的编写和过程的梳理。（　　）

2. main() 函数通常被用来作为程序的入口点。（　　）

3. __name__ 是 Python 中的一个内置类变量，前后都加双下画线表示它是一个系统变量，用于标识模块。（　　）

4. break 的作用是将循环跳转至循环开始处。（　　）

三、设计题

设计一个电影评分系统，其中电影信息主要包括电影名和评分，该电影评分系统的功能主要包括添加电影信息、显示电影信息和删除电影信息，列出该系统的类信息表。

综合实训七　设计图书信息管理程序

一、实训目的

1. 掌握类的定义和实例化方法。
2. 能区分数据成员与方法成员。
3. 能区分类成员和实例成员。
4. 能使用类的继承和调用方法。

二、实训描述

使用 PyCharm 集成开发环境编写图书信息管理程序，实现图书信息的添加、删除、显示等功能。图书信息主要包括图书编号（由 6 位字符组成）、书名、存放位置（由 4 位字符组成）、是否借出等。程序运行时根据图书信息管理程序菜单项输入对应的编号，执行相应的功能，若输入 4，则退出程序。程序运行过程如综合实训图 7–1 所示。

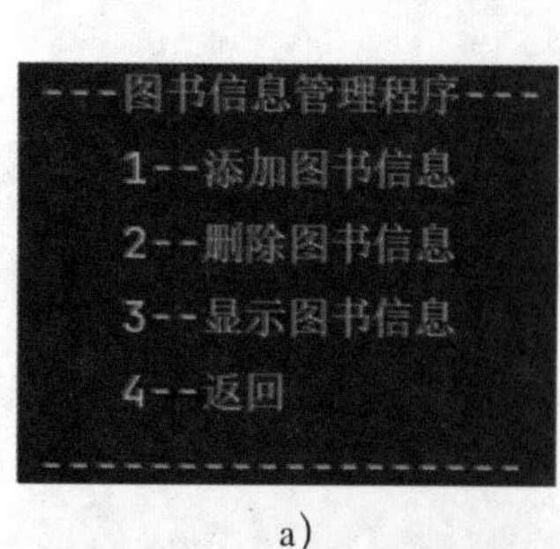

a）

```
请输入菜单选项：1
图书编号：a00001
书名：Python程序设计基础
图书存放位置：a101
是否借出：是
继续添加（Y/N）?y
```

b）

```
继续添加（Y/N）?y
图书编号：a00002
书名：C#程序设计基础
图书存放位置：a102
是否借出：否
继续添加（Y/N）?N
```

c）

```
请输入菜单选项：3
图书编号                书名                    存放位置            是否借出
a00001                 Python程序设计基础          a101              是
a00002                 C#程序设计基础              a102              否
```

d）

```
请输入菜单选项：2
请输入要删除的图书编号：a00002
删除成功!
继续删除（Y/N）?n
请输入菜单选项：3
图书编号                书名                    存放位置            是否借出
a00001                 Python程序设计基础          a101              是
```

e）

综合实训图 7-1　程序运行过程

a）图书信息管理程序菜单　b）添加图书信息　c）确定继续添加图书信息
d）显示图书信息　e）删除图书信息

三、实训环境配置

1. Windows 10 操作系统。
2. PyCharm 集成开发环境。

四、实训准备

1. 认识类的定义和实例化

（1）在 PyCharm 集成开发环境下输入以下内容，并在横线上填写程序执行后的输出结果。

```
# 定义类
class HelloPython:
    def information(self):                    # 定义成员方法
        return "I am Python!"
# 主程序
exp=HelloPython( )                            # 实例化对象
print(exp.information( ))                     # 调用类方法
```

程序执行后的输出结果为____________________。

（2）在 PyCharm 集成开发环境下输入以下内容，并在横线上填写程序执行后的输出结果。

```
# 定义类
class Rectangle:
    def __init__(self,length,width):
        self.length=length
        self.width=width
    def s(self):
        a=self.length
        b=self.width
        return a * b
    def c(self):
        return (self.length + self.width) * 2
# 主程序
x=eval(input(" 请输入长方形的长："))
y=eval(input(" 请输入长方形的宽："))
r1=Rectangle(x, y)
print(" 长方形的长：{0}，宽：{1}".format(r1.length,r1.width))
print(" 长方形的面积：",r1.s( ))
print(" 长方形的周长：",r1.c( ))
```

在程序运行时分别输入 2、1，程序执行后的输出结果为________________

____

________________。

2. 认识数据成员与方法成员

（1）在 PyCharm 集成开发环境下输入以下内容，并在横线上填写程序执行后的输出结果。

```
#定义类
class Goods:
    def name(self,goodsname,price,wight):
        self.goodsname=goodsname
        self.price=price
        self.wight=wight
    def sale(self):
        total=self.price * self.wight
        return total
#主程序
g1=Goods( )                                      #实例化对象
g1.name(" 苹果 ",5,6)
print(g1.goodsname,g1.sale( ))
Goods.place=""                                   #增加类成员
g1.place=" 山东 "
print(g1.goodsname,g1.sale( ),g1.place)
```

程序执行后的输出结果为__________________

__________________。

（2）在 PyCharm 集成开发环境下输入以下内容，并在横线上填写程序执行后的输出结果。

```
#定义类
class Show:
    s="ABC"
    def __init__(self,s):
        self.s=s
    def clear(self):
        return self.s
    @classmethod                                 #类方法
```

```
    def edit(cls):
        return cls.s
p=Show("DEF")
print(p.clear( ))
print(p.edit( ))
```

程序执行后的输出结果为________

________。

（3）在 PyCharm 集成开发环境下输入以下内容，并在横线上填写程序执行后的输出结果。

```
# 定义类
class fruit:
    def __init__(self):
        self._price=5                    # 私有实例成员
    def _type(self):                     # 私有类方法
        print(" 橙子 ")
    def bar(self):                       # 公有类方法
        self._type( )                    # 类内部访问私有方法
        return self._price
x=fruit( )                               # 实例化对象
y=x.bar( )
print(y)
```

程序执行后的输出结果为______

______。

3. 认识类的继承和多态

（1）在 PyCharm 集成开发环境下输入以下内容，并在横线上填写程序执行后的输出结果。

```
class Father(object):            # 定义一个父类，object 类是 Python 中所有类的基类
    def __init__(self):
        self.money=10000
    def print_info(self):
        print(self.money)
```

```
class Son(Father):                                    # 定义一个子类，继承自 Father
    pass
# 主程序
s=Son()                                               # 实例化子类
print(s.money)
s.print_info()
```

程序执行后的输出结果为________

________。

（2）在 PyCharm 集成开发环境下输入以下内容，并在横线上填写程序执行后的输出结果。

```
class Animals:                                        # 定义一个父类
    def eat(self):
        print(" 动物爱吃食物 ")
class Dog(Animals):                                   # 定义一个子类
    def dogeat(self):
        print(" 狗狗爱吃肉骨头 ")
class Cat(Animals):                                   # 定义一个子类
    def cateat(self):
        print(" 小猫爱吃鱼 ")
# 主程序
cat1=Cat()                                            # 实例化子类对象
cat1.eat()
cat1.cateat()
dog1=Dog()                                            # 实例化子类对象
dog1.eat()
dog1.dogeat()
```

程序执行后的输出结果为________________

____

____

________________。

（3）在 PyCharm 集成开发环境下输入以下内容，并在横线上填写程序执行后的输出结果。

```
class Flower:                                    # 定义一个父类
    def open(self):
        print(" 一年四季百花齐放 ")
class Rose(Flower):                              # 定义一个子类
    def open(self):
        print(" 玫瑰花开花期在 5—9 月 ")          # 重写父类方法
class Sakura(Flower):                            # 定义一个子类
    def open(self):                              # 重写父类方法
        print(" 樱花开花期在 4 月 ")
# 主程序
f1=Flower( )
r1=Rose( )                                       # 创建子类对象
s1=Sakura( )
f1.open( )
r1.open( )
s1.open( )
```

程序执行后的输出结果为________________________

____

________________________。

五、实训实施

1. 编写程序代码

根据实训描述要求，在 PyCharm 集成开发环境的代码区域中输入以下代码，并在理解下列代码意义的基础上，在横线上将代码补充完整。

```
# 图书信息管理程序
class Bookinfo:                                  # 定义图书类
    def __init__(self,id,name,location,lend):
        self.id=id
```

```
            self.name=name
            self.location=location
            self.lend=lend
class BookList:                                                   # 定义图书列表类
    def __init__(self):
        self.bklist=[ ]
    def bkMenu(self):                                             # 菜单信息
        print(" 图书信息管理程序 ".center(14,"-"))
        print("  1-- 添加图书信息 ")
        ________________________________
        print("  3-- 显示图书信息 ")
        print("  4-- 返回 ")
        print("-"*18)
    def bkInsert(self):                                           # 添加图书信息
        while True:
            id=input(" 图书编号：")
            name=input(" 书名：")
            location=input(" 图书存放位置：")
            lend=input(" 是否借出：")
            bk=Bookinfo(id,name,location,lend)
            self.bklist.append(bk)
            choice=input(" 继续添加（Y/N）?").lower( )
            if choice=="n":
                ____________________
    def bkShow(self):                                             # 显示图书信息
        print("{:20}\t{:20}\t{:20}\t{:20}".format\
        (" 图书编号 "," 书名 "," 存放位置 "," 是否借出 "))         # 本行接续上一行
        for bk in self.bklist:
            print("{:20}\t{:20}\t{:20}\t{:20}".format\
            (bk.id,bk.name,bk.location,bk.lend))                  # 本行接续上一行
```

```
    def bkDelete(self):                                    # 删除图书信息
        while True:
            id=input(" 请输入要删除的图书编号：")
            for bk in self.bklist:
                if bk.id==id:
                    self.bklist.remove(bk)
                    print(" 删除成功！")
                    break
            else:                                          #for…else 循环结构
                print(" 该图书不存在！")
            choice=input(" 继续删除（Y/N）?").lower()
            if choice=="n":
                break
    def main(self):                                        # 主控方法
        self.bkMenu()
        while True:
            m=input(" 请输入菜单选项：")
            if m=="1":
            ____________________
            elif m=="2":
                self.bkDelete()
            ____________________
                self.bkShow()
            elif m=="4":
                break
            else:
                print(" 输入错误 ")
# 主程序
if __name__=="__main__":                                   # 判断系统变量
    bk=BookList()
    bk.main()
```

2. 运行与调试程序

运行并修改代码，排除出现的错误，并在综合实训表 7-1 中做好记录。

综合实训表 7-1　运行与修改记录

序号	输入内容	输出结果	是否出错	错误原因	处理方法

六、实训评价

本实训完成后，学生展示实训实施成果，讲述或介绍在完成实训过程中的心得体会。从职业素养、专业能力、工作成果等方面对该学生进行评价，采用自我评价、小组评价、教师评价相结合的多元评价方式，填写综合实训表 7-2。

综合实训表 7-2　实训评价

序号	评价内容	配分 / 分	评价分数		
			自我评价（占比 30%）	小组评价（占比 30%）	教师评价（占比 40%）
1	能定义类	15			
2	能实例化对象	15			
3	能区分数据成员和方法成员	20			
4	能实现类的继承	15			
5	能实现类的多态	15			
6	能使用 PyCharm 集成开发环境编写图书信息管理程序	20			
学生姓名			综合评分		

第八章　文件与异常

第一节　文件的基本操作

一、填空题

1. 在 Python 中，打开一个文件可以使用内置函数________，它返回一个文件对象。

2. 读取文件内容时，可以使用文件对象的________方法，该方法返回文件的全部内容。

3. 写入文件内容时，可以使用文件对象的________方法，使用该方法可将一个字符串写入文件中。

4. 关闭文件时，应使用文件对象的________方法。

5. 在写入文件时，如果想将字符串写入文件的末尾而不是覆盖原有内容，应使用___________。

6. 在管理文件对象时，推荐使用________语句，可以有效地避免文件非正常关闭的问题。

7. 使用 with 语句可以自动管理文件的________和________。

二、选择题

1. 在 Python 中书写文件路径时，通常使用符号（　　）来分隔。

A. \　　B. /　　C. ,　　D. :

2. open() 函数的文件打开方式默认值为（　　）。

A. r　　B. w　　C. x　　D. +

3. close() 函数的语法格式为（　　）。

A. close(文件对象)　　B. close(). 文件对象

C. 文件对象 .close()　　D. 文件对象 =close(文件对象)

4. 下列选项中，关于 with 语句的说法中不正确的是（　　）。

A. 可以有效地避免文件非正常关闭的问题

B. 可自动管理资源，总能保证文件被正确关闭

C. 常用于文件操作、数据库连接、网络通信连接等场合

D. 需要再编写文件关闭相关代码

三、判断题

1. 在写模式下打开一个已经存在的文件时，原文件的内容会保留。 (   )
2. 使用 write( ) 方法写入内容时，系统会自动加入换行符。 (   )
3. 想一次写入多个字符串，可使用 writeline( ) 方法。 (   )
4. readline( ) 方法和 readlines( ) 方法的返回值均为字符串。 (   )
5. tell( ) 方法的作用是返回文件名。 (   )

四、名词解释

1. 文件

2. 文件指针

五、程序设计题

1. 已知 D 盘根目录下存放有一个文本文件，其文件名为 a.txt，文本文件的内容为“创新始终是推动一个国家、一个民族向前发展的重要力量”，通过编写程序，读取文本文件中的内容并打印输出。提示：若打不开文件，可使用 open(filename,"r",encoding="utf-8") 格式。

2. 通过编写程序，将字符串 "Hello, World!" 写入一个文本文件中。

实训十六 设计读写文本文件程序

一、填空题

1. 利用正则表达式____________________可以快速查找出字符串中的全部单词。
2. 统计单词个数可使用________函数。
3. findall( ) 函数的返回值类型为________。

二、程序设计题

1. 已知D盘根目录下存放有一个文本文件，其文件名为a.txt，该文本文件的内容为“new quality productive forces”，通过编写程序，统计该文本文件中包含的单词数并输出。

2. 已知D盘根目录下存放有一个文本文件，其文件名为b.txt，该文本文件的内容为“Swallows may have gone, but there is a time of return; willow trees may have died back, but there is a

time of regreening; peach blossoms may have fallen, but they will bloom again.”，通过编写程序，将该文本文件中的内容读取到一个列表中，并统计每个单词出现的次数。

实训十七 设计访问 SQLite 数据库文件程序

一、填空题

1. 在 Python 中，使用 SQLite 模块中的________方法连接物理数据库。

2. 在 Python 中，操作 SQLite 数据库的步骤为________________、_____________、______________、_____________、______________、_________和______________。

二、程序设计题

通过编写程序，实现以下功能：

1. 连接到名为“example.db”的 SQLite 数据库文件。

2. 创建一个名为“users”的表，包含 id、name 和 age 三个字段。

3. 插入两条用户数据，包括 id、name 和 age 三个字段，其中第一条数据为张北、17，第二条数据为李南、18，id 则自动产生。

4. 查询并输出所有用户数据。

5. 关闭数据库连接。

第二节 文件与目录操作

一、填空题

1. 要获取文件所在的绝对路径，可以使用 os.path 模块中的__________函数。
2. 要获取文件所在的目录路径，可以使用 os.path 模块中的__________函数。
3. 要检查一个文件是否存在，可以使用 os.path 模块中的_________函数。

4. 要获取当前工作目录，可以使用 os 模块中的__________函数。

5. 要获取指定路径下的所有文件和目录列表，可以使用 os 模块中的__________函数。

二、选择题

1. 在 Python 中，os.path.join( ) 函数用于连接一个或多个路径组件。下列选项中，关于 os.path.join( ) 函数的使用正确的是（　　）。

A. os.path.join("folder1", "folder2")

B. os.path.join("folder1", "folder2", "file.txt")

C. os.path.join("C:\\folder1","folder2","file.txt")

D. 以上选项都对

2. os.mkdir( ) 函数用于在 Python 中创建新的目录。下列选项中，关于 os.mkdir( ) 函数的使用正确的是（　　）。

A. os.mkdir("folder1")

B. os.mkdir("folder1", "folder2")

C. os.mkdir("folder1","folder2","folder3")

D. 以上选项都对

3. os.path.exists( ) 函数用于检查给定的文件或目录是否存在。下列选项中，关于 os.path.exists( ) 函数的使用正确的是（　　）。

A. os.path.exists("file1.txt")

B. os.path.exists("folder1"， "folder2")

C. os.path.exists("file1.txt","file2.txt")

D. 以上选项都不对

4. os.path.isdir( ) 函数用于检查给定的路径是否为一个目录。下列选项中，关于 os.path.isdir( ) 函数的使用正确且返回结果为 True 的是（　　）。

A. os.path.isdir("file1.txt")

B. os.path.isdir("folder1")

C. os.path.isdir("file1.txt", "file2.txt")

D. 以上选项都对

5. os.path.isfile( ) 函数用于检查给定的路径是否为一个文件。下列选项中，关于 os.path.isfile( ) 函数的使用正确且返回结果为 True 的是（　　）。

A. os.path.isfile("file1.txt")

B. os.path.isfile("folder1")

C. os.path.isfile("file1.txt", "file2.txt")

D. 以上选项都对

三、判断题

1. os.path.join( ) 函数用于连接路径组件，且无须考虑路径分隔符。　　(　　)
2. os.mkdir( ) 函数可以创建多级目录，包括不存在的目录。　　(　　)
3. os.path.exists( ) 函数只接受一个路径参数，并返回文件是否存在的判断值。　　(　　)
4. os.path.isdir( ) 函数可以检查一个路径是否为目录，也可以检查多个路径。　　(　　)
5. os.path.isfile( ) 函数可以检查一个路径是否为文件，也可以检查多个路径。　　(　　)

四、程序设计题

1. 通过编写程序，使用 os 模块获取当前工作目录的路径。

2. 通过编写程序，使用 os.path 模块将 D 盘中 abc 目录下的一个文件 a.txt 移动到另一个目录 D:\def 中，并确保目标目录存在。

实训十八 设计批量修改图片文件名程序

一、填空题

1. ____________可以对文件或文件夹进行复制、移动、删除、压缩和解压缩等操作。

2. 定义函数的关键字是_____。

3. shutil.copyfile(file1,file2) 将原文件_______复制为目标文件_______，该函数只复制文件，不复制文件夹。

二、程序设计题

通过编写程序，使用 os 模块和 os.path 模块批量修改 D 盘 pic 目录下的图片的文件名，将文件名中的空格替换为下画线。

第三节 异常处理

一、填空题

1. 索引越界、访问的文件不存在、类型错误等，这些错误统称为__________。

2. 程序错误一般分为__________、__________和__________三种。

3. 程序运行时发生的每个异常都对应着一个__________。

4. 在 Python 中，常用的异常处理结构有__________、____________、________________和______________等。

5. 无论 try…except…else…finally 结构中 try 的代码块是否有异常，都会执行__________代码块。

二、选择题

1. 在 Python 中，可以使用（　　）结构来处理可能出现的异常。

A. try…except　　B. try…except…finally

C. try…except…else　　D. 以上选项都对

2. 在 try 代码块中应包含（　　）。

A. 可能引发异常的代码　　B. 处理异常的代码

C. 与异常无关的代码　　D. 以上选项都不对

3. 当 try 代码块中发生异常时，程序将执行（　　）。

A. try 代码块中的代码　　B. finally 代码块中的代码

C. except 代码块中的代码　　D. 以上选项都不对

4. 在 except 代码块中应包含（　　）的代码。

A. 处理异常　　B. 输出异常信息

C. 处理异常和输出异常信息　　D. 与异常无关

5. 在异常处理结构中，可以使用多个 except 代码块来处理不同类型的异常。下列选项中正确的是（　　）。

A. 每个 except 代码块可以捕获指定的异常类型，并包含相应处理代码

B. 所有 except 代码块中的代码都会被执行

C. 第一个 except 代码块中的代码总是会被执行

D. 以上选项都不对

三、判断题

1. 在 try…except 结构中，如果 try 代码块中的代码引发异常，程序将跳转到相应的 except 代码块中执行。（　　）

2. 在 try…except…finally 结构中，finally 代码块中的代码只有在发生异常时才会执行。（　　）

3. 在 try…except…else 结构中，如果 try 代码块中的代码引发异常，程序将跳转到 else 代

码块中执行。 (　　)

4. 在带有多个 except 的 try 结构中，每个 except 代码块只能处理一种类型的异常。(　　)

四、程序设计题

通过编写程序，输入两个数值，并计算两数之和。如果输入的不是数值，程序应能捕获该异常，并输出相应的错误消息。程序运行结果如图 8-3-1 所示。

```
请输入第一个数值：5
请输入第二个数值：7
两数之和为： 12.0
```

a)

```
请输入第一个数值：6
请输入第二个数值：a
错误：您输入的不是有效的数值。
```

b)

图 8-3-1　程序运行结果

a）程序运行结果 1　b）程序运行结果 2

综合实训八　设计文件管理程序

一、实训目的

1. 掌握文件的打开、关闭和读写等基本操作。
2. 了解 os 和 os.path 模块的常用文件及目录操作方法。
3. 了解文件异常的处理方法。

二、实训描述

使用 PyCharm 集成开发环境编写一个文件管理程序，实现获取当前目录路径、显示目录内容、创建目标目录、删除目录、切换当前目录、读取文件内容等功能。在程序运行时输入文件管理程序菜单项对应的编号，执行相应的功能。若输入的编号为 8，则退出程序，同时能有效处理文件异常等。具体程序运行过程如综合实训图 8-1 所示。

```
----文件管理程序----
 1--获取当前目录路径
 2--显示目录内容
 3--创建目标目录
 4--删除目录
 5--切换当前目录
 6--读取文件内容
 7--返回管理菜单
 8--退出
------------------
请输入操作的选项:
```

a）

```
请输入操作的选项：1
当前目录路径：  D:\pythonProject1\sxxm
```

b）

```
请输入操作的选项：2
abc
sx1.py
sx8.py
D:\pythonProject1\sxxm 目录已显示完成！
```

c）

```
请输入操作的选项：3
请输入新目录的路径：d:/a1
d:/a1 创建成功！
```

d）

```
请输入操作的选项：4
请输入删除的目录路径：d:/a1
d:/a1 已经被删除！
```

e）

```
请输入操作的选项：5
请输入切换的目录路径：d:/
当前目录已切换为：  d:/
```

f）

```
请输入操作的选项：6
请输入待读取文件的路径：d:/1234/t1.txt
Transient Days
     If swallows go away, they will come back again,If willows wither, they will turn green again.
```

g）

综合实训图 8-1　程序运行过程

a）文件管理程序菜单　b）获取当前目录路径　c）显示目录内容　d）创建目标目录
e）删除目录　f）切换当前目录　g）打开文件内容

三、实训环境配置

1. Windows 10 操作系统。
2. PyCharm 集成开发环境。

四、实训准备

1. 练习文本的基本操作

（1）若在 D 盘根目录下存在一个名为“wen.txt”的文本文件，且文件内容包括“天将降大任于斯人”，请在 PyCharm 集成开发环境下输入以下内容，并在横线上填写程序执行后的输出结果。

```
file1=open("d:/wen.txt","r", encoding="utf-8")
str1=file1.read( )
print(str1)
file1.close( )
```

程序执行后的输出结果为________________。

（2）在 PyCharm 集成开发环境下输入以下内容，并在横线上填写程序执行后的输出结果。

```
file1=open("d:/wen.txt","w")
file1.write(" 自信人生二百年，\n 会当水击三千里。")
file1.close( )
file2=open("d:/wen.txt","r")
txt2=file2.readline( )
print(txt2,end="")
file2.seek(0)
txt3=file2.read( )
print(txt3)
```

程序执行后的输出结果为______________

____

______________。

（3）在 PyCharm 集成开发环境下输入以下内容，并在横线上填写程序执行后的输出结果。

```
filePath="d:/wen.txt"
file1=open(filePath,"w")
nlist=[" 道虽迩，\n"," 不行不至；\n"," 事虽小，\n"," 不为不成。\n"]
file1.writelines(nlist)
file1.close( )
file2=open(filePath,"r")
txt2=file2.read( )
print(txt2)
file2.close( )
```

程序执行后的输出结果为____________

____

____

____________。

2. 练习文件与目录操作

（1）若在 D 盘根目录下存有 bak.txt 文件，请在 PyCharm 集成开发环境下输入以下内容，并在横线上填写程序执行后的输出结果。

```
import os
import shutil
filePath="d:/abc. txt"
file1=open(filePath,"w")
file1.close( )
os.mkdir("d:/text")
shutil.copyfile("d:/abc. txt","d:/text/abc_bak.txt")
os.rename("d:/abc. txt","d:/cba. txt")
os.remove("d:/bak.txt")
print(os.listdir("d:/text/"))
txt=os.path.exists("d:/bak.txt")
print(txt)
```

程序执行后的输出结果为________________

________________。

（2）在上一题的基础上，在 PyCharm 集成开发环境下输入以下内容，并在横线上填写程序执行后的输出结果。

```
import os.path
print(os.path.lexists("d:/text/"))
print(os.path.getsize("d:/text/abc_bak.txt"))
print(os.path.isfile("d:/text/"))
```

程序执行后的输出结果为______________

____

______________。

3. 处理文件异常

（1）在 PyCharm 集成开发环境下输入以下内容，并在横线上填写程序执行后的输出结果。

```
def pow(a):
    return a * a
try:
    a=input(" 请输入一个整数：")
    b=pow(a)
    print(b)
except:
    print(" 程序执行有误 ")
```

运行程序时输入 2，执行后的输出结果为______________。

（2）在 PyCharm 集成开发环境下输入以下内容，并在横线上填写程序执行后的输出结果。

```
try:
    list1=[1,2,3,4,5]
    print(list1[1])
    print(list1[5])
except IndexError as ex:
    print(ex," 索引越界 ")
```

程序执行后的输出结果为________________________。

（3）在 PyCharm 集成开发环境下输入以下内容，并在横线上填写程序执行后的输出结果。

```
file1="d:/text.txt"
try:
    fOpen=open(file1, "r", encoding="utf-8")
    with fOpen as fi:
        for line in fi:
            print(line)
    fOpen.close( )
except FileNotFoundError:
    print(file1," 文件不存在！ ")
```

若 D 盘中不存在 text.txt 文件，则程序执行后的输出结果为________________。

若 D 盘中存在 text.txt 文件，其文件内容为“创新始终是推动一个国家、一个民族向前发展的重要力量”，则程序执行后的输出结果为________________________________。

（4）在 PyCharm 集成开发环境下输入以下内容，并在横线上填写程序执行后的输出结果。

```
s=input(" 请输入你的年龄：")
if s=="":
    print(" 输入的内容不能为空 ")
try:
    i=int(s)
except Exception as err:
    print(err)
finally:
    print(" 再见！ ")
```

若运行程序时输入 1，则程序执行后的输出结果为________。

若运行程序时直接按回车键，则程序执行后的输出结果为________________
____
________________。

五、实训实施

1. 编写程序代码

根据实训描述要求，在 PyCharm 集成开发环境的代码区域中输入以下代码，并在理解下列代码意义的基础上，在横线上将代码补充完整。

```
import os                                    # 导入 os 模块
# 定义函数
def fileMenu( ):                             # 文件管理菜单
    print("---- 文件管理程序 ---- ")
    print(" 1-- 获取当前目录路径   ")
    print(" 2-- 显示目录内容       ")
    print(" 3-- 创建目标目录       ")
    print(" 4-- 删除目录           ")
    print(" 5-- 切换当前目录       ")
    print(" 6-- 读取文件内容       ")
    print(" 7-- 返回管理菜单       ")
    print(" 8-- 退出     ")
    print("-------------------- ")
def currentDir( ):                           # 获取当前目录路径
    currDir=os.getcwd( )
    print(" 当前目录路径：",currDir)
def showDir( ):                              # 显示当前目录内容
    directory=os.getcwd( )
    shDir=os.listdir(directory)
    for file in shDir:
        print( ____ )
    print(directory," 目录已显示完成 !")
def makeDir( ):                              # 创建新目录
    newpath=input(" 请输入新目录的路径：")
    try:
```

```
        os.mkdir(newpath)
    ________ FileExistsError:
        print(" 新建目录已存在，不能创建相同的目录，请重新选择！ ")
    else:
        print(newpath," 创建成功！ ")
def deleteDir( ):                                 # 删除目录
    delpath=input(" 请输入删除的目录路径：")
    ________:
        os.rmdir(delpath)
    except FileNotFoundError:
        print(delpath," 不存在，不能删除，请重新选择！ ")
    except OSError:
        print(" 删除的目录不是空目录，请重新选择！ ")
    else:
        print(delpath," 已经被删除！ ")
def changDir( ):                                  # 切换当前目录
    newDirectory=input(" 请输入切换的目录路径：")
    try:
        os.chdir(newDirectory)
    except FileNotFoundError:
        print(newDirectory," 不存在，不能切换，请重新选择！ ")
    else:
        print(" 当前目录已切换为：",newDirectory)
def openfile( ):                                  # 读取文件内容
    try:
        filePath=input(" 请输入待读取文件的路径：")
        fileOpen=open(filePath, "r")
        filetxt=________________
        print(filetxt)
        fileOpen.close( )
```

```
    except FileNotFoundError:
        print(filePath," 文件不存在，请重新选择！ ")
# 主程序
fileMenu( )                                   # 显示文件管理菜单
while True:                                   # 选择执行相应功能
    number=int(input(" 请输入操作的选项："))
    if number==1:
        currentDir( )
    elif number==2:
        showDir( )
    ____________________
        makeDir( )
    elif number==4:
        deleteDir( )
    elif number==5:
        changDir( )
    elif number==6:
        openfile( )
    elif number==7:
        fileMenu( )
    elif number==8:
        break
    else:
        print(" 输入的选项不正确，请重新输入！ ")
```

2. 运行与调试程序

运行并修改代码，排除出现的错误，并在综合实训表 8-1 中做好记录。

综合实训表 8–1　运行与修改记录

序号	输入内容	输出结果	是否出错	错误原因	处理方法

六、实训评价

本实训完成后，学生展示实训实施成果，讲述或介绍在完成实训过程中的心得体会。从职业素养、专业能力、工作成果等方面对该学生进行评价，采用自我评价、小组评价、教师评价相结合的多元评价方式，填写综合实训表 8–2。

综合实训表 8–2　实训评价

<table>
<tr><th rowspan="2">序号</th><th rowspan="2">评价内容</th><th rowspan="2">配分 / 分</th><th colspan="3">评价分数</th></tr>
<tr><th>自我评价（占比 30%）</th><th>小组评价（占比 30%）</th><th>教师评价（占比 40%）</th></tr>
<tr><td>1</td><td>能完成文件的基本操作</td><td>25</td><td></td><td></td><td></td></tr>
<tr><td>2</td><td>能完成文件与目录操作</td><td>25</td><td></td><td></td><td></td></tr>
<tr><td>3</td><td>能处理文件中的异常</td><td>25</td><td></td><td></td><td></td></tr>
<tr><td>4</td><td>能使用 PyCharm 集成开发环境设计文件管理程序</td><td>25</td><td></td><td></td><td></td></tr>
<tr><td colspan="2">学生姓名</td><td></td><td colspan="2">综合评分</td><td></td></tr>
</table>

第九章　GUI 综合项目开发应用

实训十九　制作智能家居交互界面

一、填空题

1. ＿＿＿＿＿＿模块即 Tk 接口，是 Python 中的标准 Tk GUI 工具包的接口。

2. tkinter 是 Python 中用于创建＿＿＿＿＿＿＿＿＿＿的标准库，它提供了一个简单的方式来创建窗口和控件。

3. Button.grid(column=4,row=3) 表示按钮在＿＿＿＿＿＿＿位置。

4. Button.place(relx=0.5,rely=0.5) 表示按钮坐标位置在＿＿＿＿。

5. 在 tkinter 中，用于设置窗体标题的属性是＿＿＿＿。

二、选择题

1. 下列选项中，(　　) 不是 tkinter 提供的位置管理方法。

A. pack( )　　B. post( )　　C. place( )　　D. grid( )

2. tkinter 的主事件循环是通过 (　　) 启动的。

A. start( )　　B. run( )　　C. mainloop( )　　D. loop( )

3. tkinter 中用于创建滚动条的控件类为 (　　)。

A. Slider　　B. ScrollBar　　C. ScrollSlider　　D. Scroll

4. tkinter 中的 Entry 控件用于创建 (　　)。

A. 下拉菜单　　B. 按钮

C. 单行文本输入框　　D. 标签

5. 下列选项中，(　　) 不是 pack( ) 中的 side 属性可设置的组件分布方式。

A. top　　B. center　　C. left　　D. bottom

三、判断题

1. 在 tkinter 中，用于创建主窗口的类为 MainWin。　(　　)

2. 在 tkinter 中，Label 控件既可以显示文本，也可以显示图像。 ( )
3. 在 tkinter 中，Button 控件用于创建按钮，可以响应用户的点击事件。 ( )
4. tkinter 中的布局管理器 Grid 按行和列组织控件。 ( )
5. 在 tkinter 中，Canvas 控件用于创建滚动条。 ( )

四、名词解释

1. tkinter

2. Label 控件

3. Button 控件

4. Canvas 控件

五、程序设计题

1. 使用 tkinter 模块编写点击送礼物小程序，设计窗体宽为 600、高为 400，并在窗体中添加坐标位置为（200，100）、名为“点击送礼物”的按钮，在单击按钮后会出现实训图 19-1 所示的弹出窗口，并输出文字“送你一个大红包”。请根据以上要求，将下面的程序补充完整。

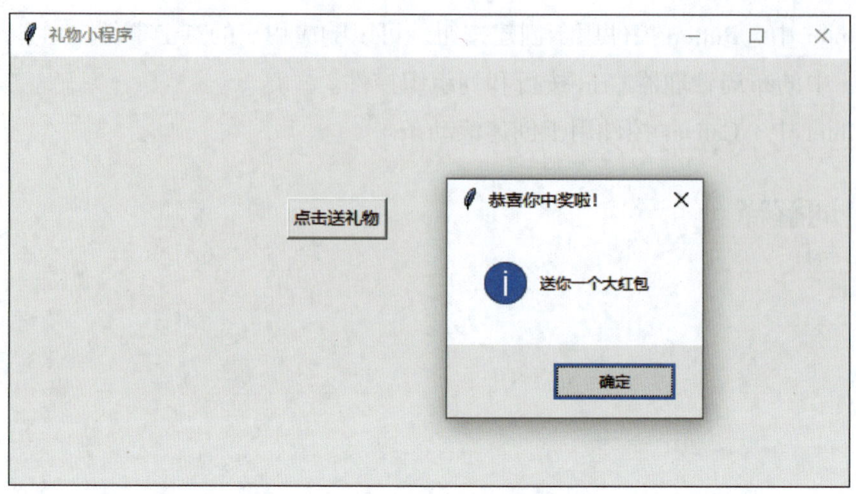

实训图 19-1　程序运行结果

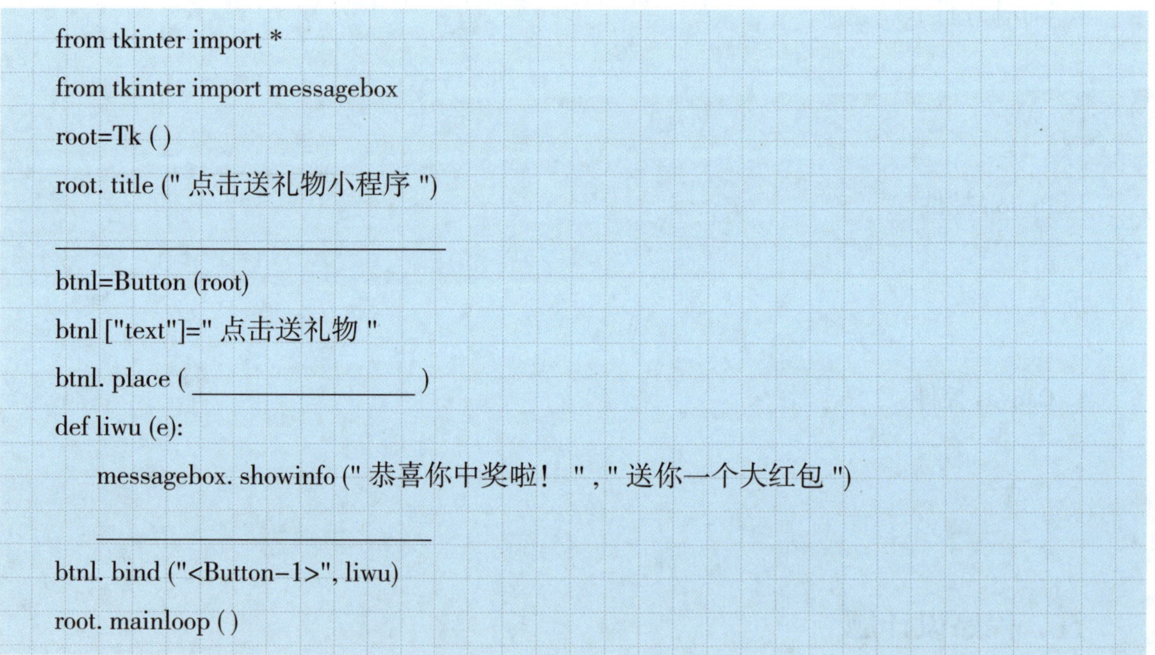

```
from tkinter import *
from tkinter import messagebox
root=Tk ( )
root. title (" 点击送礼物小程序 ")
________________________________
btnl=Button (root)
btnl ["text"]=" 点击送礼物 "
btnl. place (__________________)
def liwu (e):
    messagebox. showinfo (" 恭喜你中奖啦！ "," 送你一个大红包 ")
    ____________________________
btnl. bind ("<Button-1>", liwu)
root. mainloop ( )
```

2. 使用 tkinter 模块编写程序，实现以下功能：学生表演完毕，评委通过滚动条为学生打分，并实时显示。设计窗体主要参数如下：窗体宽为 500、高为 300，标签宽度为 30，初始值为“起始分数”，滚动条长度为 250，并居中显示，其他设置如实训图 19-2 所示。

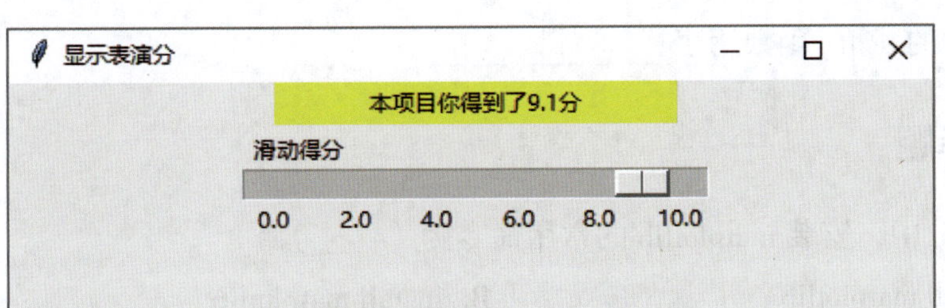

实训图 19-2　程序运行结果

实训二十　创建经济数据可视化分析图

一、填空题

1. pyplot 模块是______________中的一个子模块。
2. matplotlib、numpy 和 pandas 统称为 Python__________的“三剑客”。
3. ______格式文件是最常见的数据库和电子表格导入导出格式文件。
4. pyplot 中的 bar( ) 函数用于____________。

5. pyplot 中的 text( ) 函数用于______________。

二、选择题

1. 在 Python 中，安装 matplotlib 的常用命令为（　　）。

A. pip install matplotlib　　B. install matplotlib

C. matplotlib install　　D. matpip install plot

2. matplotlib 主要用于 Python 中的（　　）操作。

A. 数据处理　　B. 图形绘制　　C. 文本处理　　D. 网络编程

3. 在 CSV 文件中，通常使用（　　）来分隔不同的字段。

A. 空格　　B. 分号　　C. 冒号　　D. 逗号

三、判断题

1. matplotlib 主要用于数据分析和科学计算，不适用于可视化图形界面（GUI）的创建。（　　）

2. matplotlib 可以通过使用不同的样式表来改变图表的外观。（　　）

3. matplotlib 支持三维绘图，但不支持动态图形。（　　）

四、名词解释

1. matplotlib

2. pyplot

五、程序设计题

1. 小红同学的期末考试成绩为语文 83 分、数学 88 分、英语 75 分、计算机 98 分、体育 69 分、音乐 78 分，请使用 matplotlib 模块编写程序，绘制实训图 20-1 所示的柱形图。

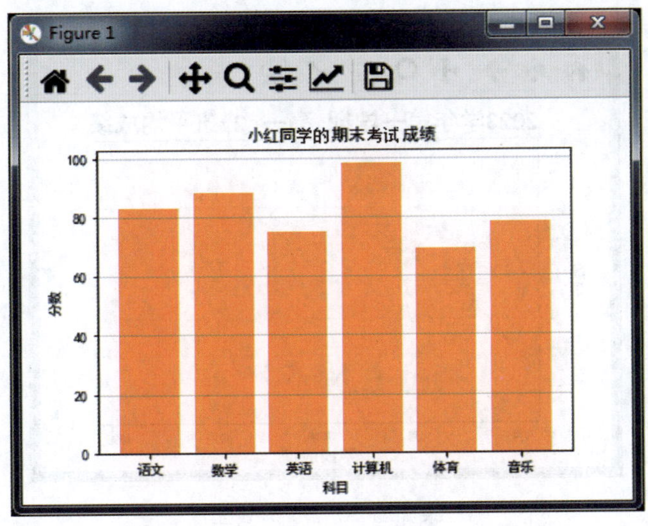

实训图 20-1　柱形图

2. 高一（2）班全体学生 9 月某科的平均成绩为 72 分、10 月平均成绩为 78 分、期中平均成绩为 69 分、12 月平均成绩为 80 分、期末平均成绩为 83 分。请根据上述数据，使用 matplotlib 模块编写程序，制作实训图 20-2 所示的折线图。提示：pyplot 模块中的 plot( ) 函数用于绘制折线图，其语法格式为 plt.plot(x,y,fmt,**kwargs)。

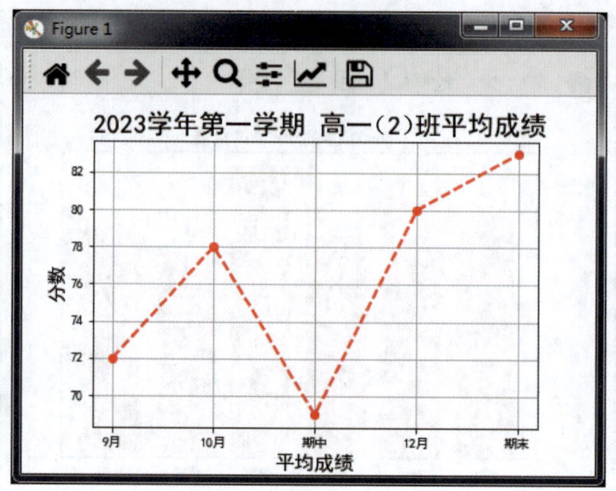

实训图 20-2　折线图

实训二十一　制作跳跃的小球

一、填空题

1. pygame 的初始化函数为 pygame.________。
2. __________提供了访问 Python 解释器的属性以及与 Python 解释器进行交互的方法。
3. 在 sys 模块中，可以通过____________属性获取 Python 解释器的绝对路径。

4. sys 模块中用于退出 Python 的方法是__________。

5. pygame 中用于退出程序的函数是 pygame.__________。

二、选择题

1. pygame 主要用于开发（　　）。

A. Web 应用　　B. 3D 游戏

C. 2D 游戏和多媒体应用　　D. 科学计算

2. 主窗口的大小可以通过设置 pygame.display.set_mode( ) 中的参数（　　）来调整。

A. width, height　　B. size, dimension

C. length, width　　D. x, y

3. pygame 中用于设置帧速度的函数为（　　）。

A. pygame.set_frame_rate( )　　B. pygame.frames_per_second( )

C. pygame.time.Clock( ).tick( )　　D. pygame.time.set_fps( )

三、名词解释

1. pygame

2. pygame.display.set_mode( )

3. pygame.init( )

四、程序设计题

1. 使用 pygame 模块编写程序，制作一个在鼠标单击后随机改变背景颜色的小游戏，小游戏窗体宽为 600、高为 400，程序运行结果如实训图 21-1 所示。请根据以上要求，将下面的程序补充完整。

实训图 21-1　程序运行结果

```
________________
import sys
import random
pygame.init( )
width, height=______________
screen=pygame.display.set_mode((width, height))
pygame.display.set_caption(" 随机改变背景颜色 ")
while ______:
    for event in pygame.event.get( ):
        if event.type==pygame.QUIT:
            pygame.quit( )
            ____________
        elif event.type==pygame.MOUSEBUTTONDOWN:
            background_color=(random.randint（__________）, random.randint(0, 255), random.randint(0, 255))
            screen.fill(background_color)
    pygame.display.flip( )
    pygame.time.Clock( ).tick(30)
```

2. 使用 pygame 模块编写程序，制作一个在鼠标单击后出现随机任意色块的小游戏，小游戏窗体宽为 1 000、高为 800，程序运行结果如实训图 21-2 所示。请根据以上要求，将下面的程序补充完整。

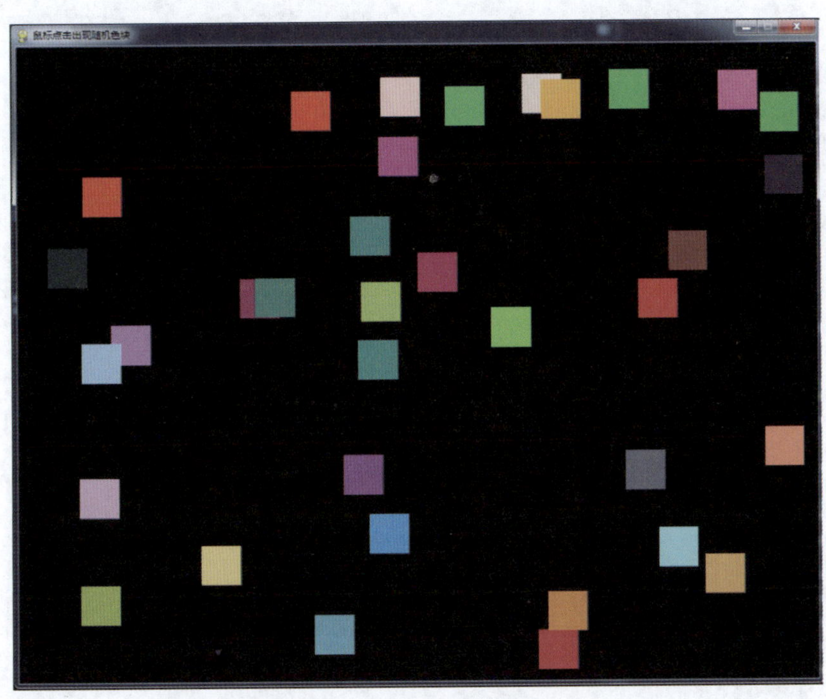

实训图 21-2　程序运行结果

```
import pygame
import sys
______________________
______________________
width, height=1000, 800
screen=pygame.display.set_mode((width, height))
pygame.display.set_caption(________________________)
while True:
    for event in pygame.event.get( ):
        if event.type==pygame.QUIT:
            pygame.quit( )
```

```
                sys.exit()
            elif event.type==pygame.MOUSEBUTTONDOWN:
                color=(random.randint(0, 255), random.randint(0, 255), random.randint(0, 255))
                pygame.draw.rect(screen, color, (random.randint(0, width - 50), random.randint(0, height - 50), 50, 50))
        pygame.display.flip()
        pygame.time.Clock().tick(30)
```